百物語

京極一路

東京図書出版

はじめに

世界中を襲ったコロナ感染症は、日本でも２０２０年頃から瞬く間に全国に広がり非常事態宣言発令などで身動きの取れない自粛生活が２０２３年頃まで続きました。その後社会も漸く落ち着きを取り戻し、今では従来のような日常の生活に戻ってきています。

やがてあれだけ窮屈な生活を余儀なくされ明かりの見えなかった時代も単に過去の歴史の一つとして過ぎ去っていくのでしょうか。

私たちはふと立ち止まって見た時、昼は青い空に白い雲、そして夜は明るく輝く月に、星のきらめきを見て地球という自然の中に生きている事を実感しています。

しかし私たちは、今ここにいるのはとても数えきれないほどの偶然の積み重ねで、再現のできない貴重な時間に生きている事を忘れてはいけないでしょう。

私たちは１３８億年の歴史の結果として今ここにいますが、これから更に気が遠くなるほどの歴史の始まりに立っています。

今しかない瞬間に得も言われぬ地球の景色、そして宇宙の絶景に圧倒されます。

私たちは、

どうして今ここにいるのか
どこから来たのか
どこへ行くのか

人間と宇宙の関わりを百一の物語で探しに出かけます。
少しでもヒントが見つかれば幸いです。

百一物語　もくじ

第1章

月の物語

第1項　月は西から東へ

満月は夕方6時頃に東の空から昇ってきて、翌朝6時頃に西の空に沈んでいきます。

月はいつも東の空から西の空に移動しているように見えます。


ところが実際には月は地球の周りを時速3600㎞の速さで西から東に公転しているのです。

西部劇の映画で荒野を駆ける馬の横を列車が追い越していくシーンを見た事があると思いますが、それと同じ事です。

列車の窓から見ると馬が後方に動いているように見えますね。

それは列車の方が馬よりも速いために馬が後ろに動くように見えるのです。


それと同じように地球から見ると月が東から昇って西に沈むように見えるだけで、実際には月の公転を地球の自転が追い越しているのです。

私はいつも月を眺めながら、月のスピードに地球の自転が追い越している事を実感しています。

第2項　月から見た地球

月の1日は27・2日です。ほぼ1カ月ですね。

月の公転周期が27・2日だからです。

月は地球を27・2日で1周していますが、地球が1回自転する間に太陽に対して12度ほど公転するので、地球から見ると月は1周するのに29・5日かかるのです。

ですから月から見ると太陽が昇ってくると、2週間ほど、昼間が続き、そして日没からは2週間ほど、夜が続きます。

月から地球を見ると、地球から見る月よりも直径で3・67倍大きく面積では13・5倍も大きくなります。

明るさは地球の反射率が月よりも2・5倍ほど大きいので満月の明るさよりも34倍ほども明るく見えます。これは星の等級ではマイナス17等級にもなりかなりの明るさです。ちなみに太陽の明るさはマイナス27等級です。

日中でも空は暗いので、人工衛星で見るような青い大きな地球を見る事でしょう。

月から見て地球はいつも同じ位置に見えます。動く事はありません。

そして地球から月を見るように、地球は29・5日をかけて満ち欠けを繰り返します。

地球から見て月はこちら側しか地球を見ることができないように、月の反対側からは地球はいつまで経っても見る事ができないのです。

月から見る地球を一度見てみたいですが、そんな時代が現実になる日もそれほど遠くはなさそうですね。

第3項　月の大きさ

月の大きさは、直径が３４７６㎞で地球の約４分の１です。

ちなみに地球は約１万２７６４㎞です。

地球から見ると月の角度は０・５度で太陽と同じくらいです。太陽と同じくらいの大きさで見えるのは、月より４００倍も大きい太陽が月より４００倍も遠くにあるからです。

地球から月までの距離は平均で約38・４万㎞、光の速さで約１・３秒かかります。

平均というのは、月は地球の周りを楕円軌道で回っているからです。その為地球までの距離が36万㎞から41万㎞まで変化します。月が時に大きく見えるのはこの為ですね。近地点で見ると遠地点で見るより11・６％も大きく見えます。この月をスーパームーンと呼んでいます。この周期は４１３日なので見えない年もあります。

月の軌道は白道と言いますが、太陽の軌道である黄道に対して僅かに5度ほど傾いています。その為太陽、地球、月が一直線に並ぶのは年に2回ほどです。そしてこの時に月が地球の公転軌道の内側（新月）の時は日食、外側（満月）の時には月食になります。

日食の時に地球と月の距離が短い時は部分日食、長い時が皆既日食になります。

第4項　月の世界

皆さんは月の世界を想像した事はありますか。

月はまるで沈黙の世界です。全く音が無いのです。

隕石が月にぶつかっても音はしなくて巻き上げられた粉塵がゆっくりと落下してくるだけです。火山が爆発しても音は全く伝わってこないでしょう。

風が吹く事もありません。台風も発生しません。

それは月の表面には大気も水も無いからです（地下に水があるという説はありますが）。ですから空には青空を見る事は無く、雲も浮かんでいません。従って雨も降らなければ、雷も轟かないのです。オーロラも見る事はないでしょう。

空にはいつも星が瞬かずに光っています。そして地球がいつも同じ場所で浮かんでいます。

月の1日は27・2日です。ですから太陽が顔を出すと2週間ほどずっと昼間が続きます。そして夜も2週間ほどです。

日中の温度は110℃にもなります。

夜の温度はマイナス150℃の超極寒の世界です。

私はいつも月を見ながら、餅を搗く兎は暑くないか、寒くないかと心配しています。

第５項　朔望月

旧暦の新月から満月を経て次の新月までを朔望月と言います。

１朔望月は約29・５日です。

朔とは元に戻るという意味で朔日とは月が立つから「ついたち」と読んだそうです。

新月とは月の始まりのことですが、月がだんだんと大きくなる頃で、月のはじめの数日間を指す言葉でした。そして満月を望と言ったことから旧暦の１カ月を朔望月と呼んだのです。

果物のハッサクは、旧暦の８月１日を八朔と書きますが、この頃から美味しくいただけるようになることからこの名前がついたようですね。

旧暦の３日頃から日没後、西の空にはっきり見えてくる黄色い月が三日月です。英語ではCrescentと言います。音楽の記号でクレッシェンドは次第に強くを表しますが、月も段々と大きくなってくるところからきています。

旧暦の月末は三十日《みそか》が晦日《つごもり》と言って、月が隠れて見えなくなる頃の事で、月ごもりから転じた読み方です。

年の暮れの大晦日《おおみそか》は今でも12月31日の事ですね。

第6項　月はいつも同じ顔

月は地球から大体4万km離れたところを、時速3600kmで地球を回っています。地球を1周回るのに約27・2日かかります。これを1恒星月と言います。そして月が満ち欠けを繰り返す周期、すなわち新月から次の新月までは約29・5日です。これは1朔望月と言います。

この差は月が地球を1周する間に地球が太陽の周りを365分の27、大体30度ほど回っているために、月もその分、余分に回らなければならないからです。

ところで月の模様はいつ見ても同じです。これは月が地球の周りを1周する間に自分自身も1回転するためです。

月の公転周期と自転周期は同じく27・2日です。月がもし自転していなければ、月の全体の様子を、1朔望月の間に月の裏側まで見る事ができるのですが、実際には月自身もその間に1回転するので、残念ながら見る事ができないです。

月の裏側もこれから解明が進むのでしょうね。

第7項　月の呼び名

日本では明治5年まで旧暦（太陰太陽暦）を採用していました。ですから月の始まりの1日はいつも新月だったのです。

そして満月はいつも15日（時に16日）です。

満月の日にはいつも日没と同じ頃に、月は東の空に顔を出します。

次の日、16日には太陽が西の空に沈んでも月はなかなか出てきません。まだかまだかと待っている間に漸く出てくるので16日に出てくる月を「十六夜月《いざよいのつき》」と呼んだのです。

「いざよい」というのは「いざよふ」でためらう、ぐずぐずするという意味ですね。

次の日には月の出を立って待つと出てくるので、「立待月」。

そしてその次は居ながらに待つので「居待月」、次は寝ながら待つのを「寝待月」、その後夜更けに出るのを「更待月」と呼んでいます。

月はいつも1日に50分ずつ遅れて出てきます。

月の呼び名

旧暦の日付	呼び名
1日頃	新月
2日頃	繊月
3日頃	三日月
7日頃	上弦の月
13日頃	十三夜月
14日頃	小望月
15日頃	満月
16日頃	十六夜月
17日頃	立待月
18日頃	居待月
19日頃	寝待月
20日頃	更待月
23日頃	下弦の月
26日頃	有明の月
30日頃	晦日月

第8項　旧　暦

日本の旧暦は太陰太陽暦で１８７２（明治５）年12月まで使われていました。

太陰暦というのは月の満ち欠けを基準として12カ月を1年とするものです。

しかし1朔望月は29・５日ですから1年経つと実際よりも11日ほど短くなります。

そこで3年に1回閏《うるう》月を入れ、同じ月を2度繰り返すことで実際の1年に合わせたのが太陰太陽暦です。

それでも誤差が生じます。

それを調整するために19年で7回、閏月を入れる事でより実際に即した暦にしました。

これは19太陽年が２３５朔望月と近似的に一致するためです。

これはギリシア時代のメトンが考えた19年7閏法と言ってメトン周期と言われています。

日本では太陽暦のグレゴリオ暦を１８７３（明治６）年1月1日から現在に至るまで採用しています。

太陽暦は元々1年を３６５日としていましたが、実際には1太陽年は３６５・２４２２日なので、４年間で1日ほどずれてきます。

そこで4年に1回閏年を設けることが、ユリウス暦でBC45年頃ジュリアス・シーザーによって制定されました。

しかしこれでも400年経つと3・12日のズレが出てきます。

そこで4年に1回閏年を入れますが、更に400年に3回は閏年を省く事で調整したのが、グレゴリオ暦です。

具体的には100年毎の閏年の内、400で割り切れない年、即ち400年に3回閏年を省いたのです。

1582年にグレゴリオ13世によって制定されました。

これによる誤差は4000年で1・2日というものなので、人の一生の間ではあまり気にする事もなさそうですね。

第9項　満月の名称

旧暦では月に1回満月の日があります。

満月を見上げると月の影の模様が日本では兎が餅をついてるように見えますね。海外では違って見えているようです。

南米ではロバ、インドではワニ、ヨーロッパでは女性の顔に見えているようです。

そして満月には月毎にいろいろな呼び名があります。ここではアメリカの先住民が季節を知る目安として使っていた呼び名を紹介します。

今の暦だと月に2回満月の日が時にあります。その時の2回目の満月はブルームーンと呼びます。

月	名称	由来
1月	ウルフムーン	真冬に食料が無く飢えた狼の遠吠え
2月	スノームーン	雪が多い頃

3月	ワームムーン	暖かくなり芋虫が地中から出てくる頃
4月	ピンクムーン	開花の早いフロックスの花の咲く頃
5月	フラワームーン	多くの花が咲く頃
6月	ストロベリームーン	野イチゴの収穫の頃
7月	バックムーン	雄鹿の角が生える頃
8月	スタージェンムーン	スタージェン（チョウザメ）の豊漁を願って
9月	ハーベストムーン	作物の収穫期
10月	ハンターズムーン	狩猟に適した頃
11月	ビーバームーン	ビーバーを捕らえる罠を仕掛ける頃
12月	コールドムーン	本格的な冬の到来の時期

第10項　月を見れば時間がわかる

月は地球を29・５日かけて公転しています。

旧暦の１日は新月で太陽と月は同じ方向なので月は何も見えません。

その後１日毎に太陽から約12度遅れて動きます（３６０度÷29・５日＝12・４度）。

月は新月の後はいつも空に出ています。ただ太陽が明るいので見えないのですが、日没以降月が輝いて見えます。

日中でも空に白い月を見ることがあります。黄色い月が空の青さに交じって白く見えます。

旧暦の15日は月は太陽と反対方向にあって満月となります。

そして旧暦30日にはまた太陽と同じ方向に重なり新月となって旧暦１日に戻るのです。

太陽は毎日東の空から昇って、西の空に沈みます。

月は毎日少しずつ（12・４度）遅れて昇ってきます。

旧暦では日にちによって月の形が決まっています。

ですから月の形と位置がわかれば大体の時間がわかるのです。

当然時期によって多少のズレは出てきますが、大方の目安として見る事ができます。

月の見え方

夕方6時頃	三日月は西の空に 上弦の月は真南の空に 満月は東の空から上がってきます
午後9時頃	上弦の月は東の空に 月齢12の月が真南の空に 満月は東の空45度
真夜中12時頃	上弦の月は西に沈み 満月が真南に輝き 下弦の月が東の空から上がってきます
明け方6時頃	満月が西の空に沈み 下弦の月が真南の空に 月齢27の月が東の空に見えます

第2章

雲の物語

第1項　雲に癒やされて

青空に浮かんだ雲が、風に乗って流れていくのを見ていると、とても心が癒やされます。

子供の頃にはよく、孫悟空のように自在に雲を操って、好きなところに行っていろんな世界を見てみたいと考えたものです。

だけど一旦雲が暴れ出すと暴風雨となって建物や木をなぎ倒し、川が氾濫して街を襲い、大変な被害をもたらす事も最近では増えてきています。

普段は雲がもたらす雨によって食物や穀物を育て、人類は様々な恩恵を受けています。

ところで雲が空に浮かんでいると雲は気体の仲間かなと思いますが、実は雲の正体は液体、若しくは固体です。

実は雲は水、若しくは氷なのです。

それが空に浮かんでいるとはとても不思議ですね。

さてその謎とは。

第2項　雲の正体

雲の正体は空気中の水蒸気が上空で冷やされた、水または氷です。

1個の雲、即ち雲粒の大きさは大体０・０１〜０・００１㎜です。

イコール1〜10ミクロンです。

1ミクロンとは1マイクロメートルの事で、１００万分の1メートル、１０００分の1ミリメートルです。ちなみにマイクロとは１００万分の1を表す単位です。

一般に蟻の大きさが大体数ミリで雲粒の数千倍、砂粒の大きさが大体０・１ミリメートルとして雲粒の10倍から１００倍ほどです。

1マイクロメートルとは光学顕微鏡で漸く見る事ができるくらいの大きさです。

ちなみに電子顕微鏡だとその１０００分の1、1ナノメートルのサイズまで見る事ができるそうです。

雲粒、一粒のサイズはとても小さいのですが、雲粒にはくっつきやすい性質があり、沢山集まって雲になります。

第3項　雲が空に浮かぶ不思議

雲は上昇気流によって水蒸気が上昇し、温度が下がり水や氷となって上空に浮かんでいます。

従って雲が発生するところには上昇気流があります。

その為、雲は落下する事なく空に浮かんでいるのです。


厳密にいうと雲にも質量があるので、少しずつ落下しています。その速度はせいぜい1秒間に1㎝くらいで、10秒でも10㎝ほどです。

ですからそれよりも上昇気流が強く雲粒の落下を支えています。


大気の組成は窒素が約78％で、酸素が21％です。

水の分子はH_2Oで酸素と水素です。窒素や酸素よりも水分子の方が軽いのです。

水蒸気を、多く含んだ空気の方が、乾燥した空気よりも軽いのです。

要するに水蒸気の方が、空気よりも軽いのです。

第４項　雲ができる場所

対流圏の高さは地表から平均11㎞です。

地表の大気は地上から対流圏、成層圏、中間圏、熱圏とあります。

地上からの高さは大体、

対流圏　11㎞くらいまで
成層圏　47㎞くらいまで
中間圏　80㎞くらいまで
熱圏　１００㎞くらいまで

そしてその上は宇宙圏になります。

対流圏と成層圏の境界は季節や緯度によって大きく変わります。

温度は対流圏では高度が１㎞高くなる毎に約６・５℃の割合で気温が下がり、成層圏との境界面あたりの温度はマイナス60℃くらいになります。

成層圏に入ると温度は下がらず、上空になるとオゾン層の影響で温度は上がり、中間圏あたりではマイナス10℃くらいまで上がるのです。

中間圏に入るとまた温度が下がり、マイナス90℃くらいになります。

大気中の空気の90％は対流圏にあります。

水蒸気も殆どが対流圏にあります。

従って雲は対流圏で発生し、成層圏以上になると雲がないのです。

第5項　雲ができるのは

次のような条件が揃うと雲ができます。

1　水蒸気
2　温度の低下
3　エアロゾル
4　上昇気流

尤もこれらの条件が揃わなくても雲海のように地表に現れることもあります。雲海とは放射冷却などで冷やされた空気が、地表から発生した水蒸気を冷やすことで、地上に雲が発生します。上空よりも地上の温度が低いために地表に留まります。

上昇気流が発生する場所は、

1　大気が太陽によって温められる
2　低気圧の中心に向かって空気が流れ込み、行き場を失った大気が上昇

3　暖気と寒気が衝突し、暖気が上昇
4　山に沿って空気が上昇

以上のようなところで上昇気流が発生します。

大気が上昇すると気圧が下がり、大気が膨張することで、温度が下がります。

対流圏では上に行くほど温度は低下します。

成層圏では温度は下がらず、むしろ上昇するのです。

そしてエアロゾルを核として雲粒ができます。エアロゾルとは大気中の微粒子です。雨が降った後に山などの景色が遠くまでくっきりと見えるのは大気中のエアロゾルを雲が取り込んで、雨となって流してくれるからです。

第6項　雲の分類

雲の種類は10種類に分類されています。

これを十種雲形《じゅっしゅうんけい》と言います。世界気象機関（ＷＭＯ）によって１８９５年の世界気象会議で世界的に統一されました。

雲ができる場所によって大きく分類すると三つに分ける事ができます。

上層雲、中層雲、下層雲です。大体上層雲は高度10㎞、中層雲は５㎞、下層雲は数キロメートルの高さにできます。

雲の種類

1　上層雲	巻雲　巻積雲　巻層雲
2　中層雲	高層雲　高積雲　乱層雲
3　下層雲	層積雲　層雲　積雲　積乱雲

積乱雲は希に成層圏に達する事もあります。

この分類の基になるのは四つの雲、層雲、積雲、巻雲、乱雲です。
十種雲形はこれらの組み合わせで分類されています。
巻雲はすじ雲と言って、筋状の雲。
積雲はわた雲と言って、綿のようにふわふわとした雲。
層雲はきり雲と言って、霧のように覆う雲。
乱雲はみだれ雲と言って、雨を降らす雲です。

第７項　雲から雨に

雨は空から降ってきますが、雨の元は雲です。

雲のないところに雨は降りません。

雨になる雲は10種類の雲の中で、乱層雲と積乱雲です。

前項でも言ったように雲は、すじ雲、きり雲、わた雲、そしてみだれ雲の組み合わせで10種類に分けられます。

その中でみだれ雲が雨を降らす雲です。

雲はそもそも雲粒子と言って、雲粒や氷晶が集まって大気に浮かんでいます。

その雲粒子の大きさは大体１～10ミクロンです（０・０１～０・００１㎜）。

それがみだれ雲では密度が濃くなり、雲粒子が成長し大きくなり、０・１～１㎜くらいの大きさになると雨粒となって落ちてくるのです。

雨粒の落下速度は大体１秒間に４ｍくらいでしょうか。

　自転車の速さくらいですね。

第8項　雲と霧

五里霧中など、霧には幻想的な世界を想像する気配がありますが、実は霧は雲と同じものです。

発生する場所の違いだけで、地表に接しているのが霧、上空で浮かんでいるのが雲です。

そうすると山の中腹などで漂っているのは果たして雲なのでしょうか。それとも霧でしょうか。

それはどちらも正解です。

というのは山中にいる人にとっては霧ですが、山の麓から見ている人にとっては雲になります。

それでは靄《もや》や霞《かすみ》はどうでしょうか。

靄は霧の薄い状態のことで、視程が１㎞以上で靄、１㎞以内だと霧になります。

霞というのは文学的な表現として使う言葉で、気象用語ではありません。

何だか聞いていると五里霧中のようになりそうですね。

第９項　霰《あられ》と雹《ひょう》

雨はみだれ雲、即ち乱層雲や積乱雲から雲粒が集まって大きく成長し雨粒となって降ってきます。

霰と雹は積乱雲から降ってきますが、雲粒子の中で氷晶が回転しながら大きく成長し落下してきます。

霰と雹は同じような形をしていますが、違いは大きさです。直径が５㎜未満が霰、そして５㎜以上が雹です。

成長過程でも違いがあります。

霰は氷晶が大きく成長しながら落下してきますが、雹は落下する途中で上昇気流によって再び上空に持ち上げられます。その時に霰に付着した水の膜が凍結する事で、大きな氷の塊になります。これを何回か繰り返すと巨大な氷の塊になります。これが雹です。

霰は地面に落ちるとパラパラと散らばるので、霰と書き、そして雹は霰を包み込んでできるから雹と書くのですね。

因みに霙《みぞれ》とは雪が花のように降りますね。英には花という意味があります。

第10項　雨を降らせる

子供の頃には運動会前日になると、てるてる坊主を作ったりして、当日の快晴を願いました。

だけど日照りが続くと農作物などが不作になって、飢饉などが起こるので、昔は祈禱や踊りなどで雨乞いをしたそうです。

焚き火をおこして、煙を上空にあげると、雲の種となるエアロゾルが発生し、雲を作り雨を降らせるという事もあったそうです。

果たして人工で雨を降らせる事はできるのでしょうか。

今では世界で人工降雨、降雪の実用化も進んでいます。

但し、天気が快晴の時にはいくらやっても効果はありません。

効果的なのは有効雲と言って過冷却雲粒を持った雲に核となる種をまいて雨粒になるように促す方法です。

やり方は主に二通りあります。

一つはドライアイスを航空機から雲に散布するやり方です。

もう一つは地上からヨウ化銀を発煙して雲に送り込む方法です。

日本では東京都奥多摩町の小河内ダムにヨウ化銀の発煙装置があります。

ヨウ化銀は大気中では非常に薄くなるために身体への影響はありません。
最近は温暖化の影響でスキー場など、雪不足が心配されています。
将来は、自由に人工降雨、降雪がコントロールできるようになるのでしょうか。

第3章

太陽の物語

第1項　太陽の通り道

地球は太陽の周りを３６５・２４日かけて天の北極から見て反時計回りに公転しています。そして地球は1日３６０度＋1度自転しています。このプラス1度がなければ半年後には昼夜が逆転してしまうのです。地球は半年後に太陽の反対側になるからです。

恒星に対しては1日に1度ずつ早く進むので夜空に星が毎日4分ずつ早く出てくるのです。

地球の自転軸、即ち地軸は太陽の公転面に対して23・5度傾き、天の北極の方向に北極星があります。

夏至の時には太陽の方向に傾くので北緯23・5度のところに住んでいる人には真昼に太陽は真上にきます。

冬至には太陽の反対方向に傾くので、南緯23・5度に住んでいる人の真上に太陽がきます。

そして春分、秋分の日には太陽は朝6時に真東から昇り、夕方6時に真西に沈みます。

これは世界中どこにいても同じ現象で、この日の昼と夜の時間は、いずれも丁度12時間です。

北緯66・5度（90－23・5度）以北に住む人には夏至になると太陽は1日中沈む事なく白夜になります。そして冬至になると太陽は終日昇る事なく極夜になります。南半球の南緯66・5度以南では逆の事が起こります。

地球上の緯度は春分、秋分の日の太陽の高度でわかります。90度からその日の太陽の角度を引くと良いのです。例えば東京だと春分、秋分の日の太陽の南中高度は54・３度になりますから東京の緯度が、90－54・３度＝35・７度という事が分かります。

第2項　天動説

今では誰でも地球は自転しながら太陽の周りを回る惑星の一つで、その太陽も天の川銀河の数ある恒星の中の一つである事を知っています。

そしてこの銀河系もラニアケア超銀河団の一つなのです。

だけど昔の人は地球が動くとは考えられず、今から4000年ほど前のメソポタミア文明では大地の周りを大洋が取り囲み、その果てには大きな山が聳えて天を支え、東側の山の出口から太陽が昇り、西側の山の入り口に沈むと考えていました。

ギリシア時代の終わり頃、紀元2世紀頃にプトレマイオスがそれまでの宇宙観をまとめて『アルマゲスト』という書物を書き、その中で天体の動きを説明し、地球を中心に太陽や惑星、恒星が回っていると考えました。

これが「天動説」です。

英語ではgeocentric model（地球中心説）と言います。分かりやすいですね。

やがて天動説に異を唱える人が徐々に現れ、16世紀にはポーランドのコペルニクスが1543年に『天球の回転について』を出版し、太陽中心の宇宙を説明しました。

これが「地動説」です。英語ではheliocentric model（太陽中心説）と言います。

やがてガリレオやケプラーが天体を望遠鏡で観測し、更にケプラーの法則などを発見する事で、地動説が人々の間で信じられるようになっていきます。それまで１０００年以上もずっと天動説を信じていたのです。

今ではそれまでの見方や考え方が１８０度変わることを「コペルニクス的転回」と言います。キリスト教ではそれ以降も相変わらず天動説を信じて地動説をなかなか認めなかったのですが、漸く１９８３年になってローマ法王庁が認めました。

第3項　地球は猛スピード

太陽は毎朝東の空から昇り、夕方になると西の空に沈んでいきます。これは地球が1日1回自転しているからですね。

地球の自転の速度は赤道付近で1秒間で約466m、時速にするとおよそ1700kmもの速さで自転しています。東京あたりでも秒速382mで時速だと1374kmで天の北極から見て反時計回りに回転しています。

これは音速のマッハ1が時速1224kmですからそれよりも速いスピードで回転しています。そして地球はそれよりも更に速い速度、秒速29・8kmで太陽の周りを公転しています。

地球から太陽までの距離の事を1AU（Astronomical Unit）といって、およそ1・5億kmです。およそというのは惑星の公転は楕円軌道なので1年の間に太陽からの距離が変わるためです。

毎年1月初め頃に約250万km近づき、7月初め頃に250万km遠くなり、1年で500万kmも差異があります。その為に太陽の見かけの大きさも少し変化します。そしてこの公転軌道を地球は何と秒速29・8kmもの猛スピードで太陽の周りを回っています。時速にして10万7000kmというとんでもないスピードですね。

ケプラーの法則から冬場の方が夏場より少し速い速度になります。これだけの速いスピードを地球上で何も感じないのはニュートンの運動の法則の一つ、慣性の法則によるものです。私たちは加速度は感じますが、速度に変化がなければ何も感じないのですね。

第4項　太陽も猛スピード

私たちは宇宙の中で天の川銀河にいます。

宇宙には天の川銀河のような銀河が、無数に広がっています。17世紀頃までは私たちの天の川銀河が宇宙の全てだと考えていたようです。

天の川銀河というのはギリシア神話で大神ゼウスが、妻ヘラの母乳をゼウスの子、ヘラクレスに飲ませようとしたところ、ヘラクレスの力が強過ぎて母乳が飛び散ったところからMilky Way（天の川）の名前が付けられたそうです。

天の川銀河（銀河系）には太陽のような恒星が数千億個も集まり、その中心には太陽の400万倍もの質量を持ったブラックホールがあります。

太陽は銀河系の中でオリオン腕にあって、中心からおよそ2万6000光年のところにいます。

銀河系の大きさは直径10万光年で、ディスクのような形をしていて真ん中が少し膨らみ、厚みは数千光年です。

そしてその銀河系全体が2億年かけて回転しているそうです。

という事は太陽も同じく2億年かけて銀河系の周りを回っていてその速度は秒速で220㎞

というとてつもないスピードです。時速にすると79・２万kmです。

当然太陽系の天体、地球やそのほかの惑星、衛星、彗星なども全て同じ速度で動いているのですね。

第5項　太陽の大きさ

太陽は地球に比べるとてつもなく大きな星ですが、銀河系の他の恒星に比べるととても小さな星です。

太陽の大きさは地球の100倍以上もありますが、銀河系には太陽の1000倍以上の大きさの恒星が幾つもあります。

太陽系の中で太陽の質量の占める割合は99・8％で、質量は1・99×10^{30}kgです。地球の質量が6×10^{24}kgなので約33・3万倍です。大きさは直径が139・2万km、地球が1万2800kmなので約109倍です。平均密度は1・4g／cm³で水よりも少し重く、地球が5・5g／cm³なのでかなり軽いです。

太陽の円周はおよそ437万kmで、地球が約4万kmですからこれも約109倍です。光の速さで1周するのに14・6秒ほどかかります。しかし宇宙には太陽よりも大きな恒星は幾つもあります。

冬の夜空に輝く大三角の一つオリオン座にベテルギウスという赤色超巨星があります。

この星はいつ超新星爆発を起こしてもおかしくないと言われている変光星で大きさは太陽の1000倍ほどもあります。

もし仮にこのベテルギウスを太陽と入れ替えると、地球はおろか、もはや木星あたりの軌道まで来てしまいます。しかも変光星で1億㎞の大きさで脈動を繰り返しています。

更に最近になって大きな瘤が見つかり、まるでダルマのような形をしているようです。

現在見つかっている恒星の中で最大のものは、おおいぬ座のＶＹ星で直径が29億㎞、太陽の２０００倍以上です。

私たちにとってとても大きな存在の太陽が宇宙の中ではいかに小さな存在かというのが少しは実感できるでしょうか。

第6項　太陽の明るさ

太陽のように自ら光り輝く星の事を恒星と言って天の川銀河には数千億個もあるそうです。

ではその中で太陽というのはどれくらいの明るさなのでしょうか。私たちが肉眼で見る事のできる星は6等星くらいの明るさの星までですが、全天で８０００個くらいです。一度に見えるのはその半分で、その内地平線近くはよく見えないので、大体３０００個くらいでしょうか。

全天で一番明るい星はおおいぬ座のシリウスで明るさはマイナス１・５等です。ちなみに星の明るさはこと座のベガを0等星としてこの星を基準にしています。1等級の差は約２・５倍です。明るさというのは距離によって違います。見た目の明るさを実視等級と言います。

そして星を同じ位置に置いたとして明るさを比較したのが絶対等級と言って本来の明るさを表します。これは星を10パーセクの距離（32・6光年）に置いた時の明るさです。それで比べるとシリウスは距離が８・７光年と近い距離にあるために明るく見えますが、絶対等級は１・4等です。

絶対等級で一番明るい星ははくちょう座のデネブで距離は１８００光年と離れているので見た目は１・３等ですが、絶対等級だとマイナス７・２等になります。

ベテルギウスも５００光年離れているので、見た目は０・４等ですが、絶対等級はマイナス

７等です。

そして太陽は実視等級はマイナス26・７等もの明るさですが、絶対等級だと４・８等とどちらかと言えば暗くてあまり目立たないありふれた星なのですね。

第7項　太陽のエネルギー

太陽は凡そ47億年前に誕生し、それ以来ずーっと輝き続けています。地球に降り注ぐ太陽のエネルギーは1秒あたり約42兆kcalと、これは世界中で消費される1年間のエネルギーを僅か45分で賄う事ができるそうです。

19世紀頃までは、この太陽のエネルギーの源が何であるのかわからなかったそうです。もし、石炭や石油などの化石燃料だとすると太陽は数万年で燃え尽きてしまいます。重力によって収縮する時に解放される重力エネルギーだとしても3000万年ほどしか持ちません。

20世紀になって核融合の研究が進み、USのハンス・ベーテが水素を燃料として莫大なエネルギーを取り出す事のできる仕組みを見つけました（これによって1967年ノーベル賞を受賞）。

太陽の中心部の温度は1500万℃、気圧は1000億気圧もあります。このような超高温、超高圧下では核融合反応が起こります。このような星を主系列星と言います。

太陽は75%が水素です。核融合反応では水素原子4個がヘリウム1個に融合し、その時に質量が0・7%少なくなります。この少なくなった質量がエネルギーに変換されるのです。太陽は1秒間に5億6400万トンの水素を5億6000万トンのヘリウムに変えています。この時に失われる４００万トンの質量がエネルギーに変わるのです。太陽の質量は今でも毎秒４００万トン減り続けていますが、今までに失った質量はせいぜい太陽全体の１０００分の１くらいです。

この僅かな質量欠損が莫大なエネルギーに変わるのは、アインシュタインの特殊相対性理論の有名な方程式「$E=mc^2$」でおなじみですね。mは質量、cは光の速度です。

第8項　黒点と紅炎

太陽は水素とヘリウムのガスでできているので、地球のようなはっきりとした表面はありません。可視光で不透明になるところを表面としています。

太陽の中心部の温度は1500万℃になりますが、表面の温度は約6000℃です。太陽の外側にはコロナと言って希薄なガスが広がっていますが、温度は100万℃にもなります。

太陽の表面に黒いシミのような物が見える事がありますが、これが黒点です。大きさは大きいもので数万キロメートルにもなるそうで、太陽活動が活発な時に多く現れます。

黒点の温度は周りよりも2000℃も低く、これは磁場が非常に強い為に高温ガスの上昇が抑えられているからです。

そして黒点の周りで時々大爆発が起こります。これは太陽フレアと言って黒点の活動と大きく関係しています。そして爆発が起こると高エネルギーとなって地球に凡そ1～2日で到達し、電波障害をもたらしたりオーロラが観測されます。

黒点は太陽活動が活発な時に多く見られ、11年周期で増減を繰り返しています。現在は無黒点状態が長く続いているそうです。

そして太陽から飛び出した赤い炎のように見えるのが、紅炎、プロミネンスです。これは何かが燃えているのではなく、コロナに浮かんだ水素のガスで温度は１万℃にもなります。大きさは幅が数千キロメートル、長さが数万キロメートルに及ぶものもあり、寿命は数分で消滅するものもあれば、数カ月存在することもあります。

第9項　太陽系の大きさ

太陽系最果ての天体は果たしてどこまで広がっているのでしょうか。20世紀半ばまでは太陽系の大きさは大体海王星軌道まで、距離にして約30ＡＵくらいと考えられていました。１ＡＵが太陽から地球までの平均距離、約１億５０００万㎞ですから45億㎞くらいでしょうか。

１９５０年頃になってアイルランドのエッジワースとＵＳのジェラルド・カイパーが惑星軌道の外側にディスク状に小天体が沢山集まっている場所があり、そこから彗星が太陽に向かってやって来るという説を提唱しました。また、オランダのオールトはさらに外側に、今度は球状に分布している場所があって、そこから矢張り彗星が周期的にやって来ると提唱しました。やがて実際にそのような天体が発見されて、前者をエッジワースカイパーベルト、後者をオールトの雲と呼ぶようになりました。

彗星には周期が２００年以内の短周期型彗星と２００年以上の長周期型彗星がありますが、前者がエッジワースカイパーベルトから、後者がオールトの雲からやって来ると言われています。太陽からの距離はエッジワースカイパーベルトが大体30～１００ＡＵ、オールトの雲は１万から10万ＡＵと言われています。１００ＡＵは約１５０億㎞、10万ＡＵは15兆㎞です。１光年が約９・５兆㎞ですから太陽系はオールトの雲まで１光年以上の広がりがあります。太陽に一番近い星はケンタウルス座のα星で距離が約４・２光年ですから、相当大きな太陽系の広がりを感じますね。ちなみに１９７７年打ち上げのボイジャー1号は現在１５０ＡＵあたりを飛行中のようですが、漸くエッジワースカイパーベルトを抜けたあたりでしょうか。オールトの雲を抜けるにはまだ3万年以上もかかるそうです。

Golden Record（宇宙人に向けた地球からのメッセージを記録）を積んだボイジャー1号の無事の飛行を願うばかりです。

第10項　太陽の寿命

太陽は凡そ47億年前に生まれました。宇宙は1㎤に水素原子1個くらいの殆ど真空の状態ですが、所々にムラがあって、暗黒星雲という密度の濃いところに水素ガスが集まり収縮していきます。そして温度が上がり、やがて10万℃くらいになると光り輝きます。これが原始星と言って星の子供です。更に数千万年かけて収縮し、温度を上げて1000万℃になると水素がヘリウムに変わり、質量をエネルギーに変える、所謂核融合反応が始まります。これが恒星の誕生です。この状態の星のことを主系列星と言って、夜空に輝く多くの星は主系列星です。

太陽は今でも、「第7項　太陽のエネルギー」で述べたように毎秒5億6400万トンの水素を5億6000万トンのヘリウムに変え、失った質量は莫大なエネルギーとなって放出されます。

そして太陽の中心にたまったヘリウムは収縮が始まり、外層の水素は膨張を始めます。そして100倍以上の赤色巨星となって地球軌道まで膨らみますが、密度は空気よりもはるかに希薄なので地球からは空いっぱいに広がった真っ赤な太陽を見ることでしょう。

太陽の中心には重力収縮した白色矮星が残ります。大きさは地球サイズですが、密度は1㎤当たり1・4トンにもなります。

50億年後、この残された白色矮星の周りを地球がいつまでも周回しているのでしょうか。

第4章
惑星の物語

第1項　水　星

水星の大きさは直径が約４８８０㎞で、地球の約38％くらいです。

太陽からの距離は楕円軌道なので４６００万～６９８０万㎞と大きく変わります。

公転周期は０・２４年ですから約３カ月で太陽を1周します。公転速度は秒速約47㎞と地球よりも約１・６倍も速いです。

自転周期は約59日と長く凡そ1カ月毎に昼夜が変わります。大気が殆ど無いので温度差が激しく、昼の温度は４３０℃にもなり、夜間は逆にマイナス１７０℃にも下がります。

密度は５・４ｇ／㎤と地球とほぼ同じくらいで、全体の70％が鉄などの核でできています。

表面は月面に似たような多くのクレーターで覆われています。


ギリシア神話では水星は太陽に近く動きが速いところから伝令の神ヘルメスと見立てられています。ヘルメスは大神ゼウスと巨人アトラスの娘、マイアとの間に生まれます。子供の時から非常にすばしこく賢い子供でした。やがてヘルメスは神々の伝令役を務め、翼のついた靴を履き、手にはカドケウスの杖という金の杖を持って飛びまわっていました。

ある時、大神ゼウスは妻ヘラに仕える女神官イオに夢中になります。そしてそれに気づいたヘラから隠す為にイオを真っ白な牝牛に変えました。しかしそれを見破ったヘラはアルゴスという百の目を持った怪物に牝牛を監視させたのです。それに対してゼウスはイオの救出を息子のヘルメスに委ねます。ヘルメスは羊飼いに変身し、葦笛を奏でてアルゴスを眠りに誘います。やがて百の目が全て閉じた時に素早くアルゴスの首を切り落とし、イオを救出しました。ヘラはアルゴスを思い百の目を集めて、孔雀の羽に飾り、世界で一番美しい鳥にしたのです。

第2項　金　星

太陽系第2惑星の金星の大きさは直径1万2104kmで地球の95%、ほぼ同じくらいです。太陽からの距離は1・1億kmで太陽、地球間の距離1・5億kmを1天文単位（AU）として0・72AUです。公転周期は0・62年で大体7カ月半で太陽を一回りします。公転速度は秒速約35kmで地球は約30kmなので、それより少し速いです。自転周期は243日と大変長く、約8カ月かけて昼から夜に変わります。自転の方向は他の惑星と逆で時計回りです。

密度は5・24g／㎤と地球より少し軽いくらいです。内部構造は中心に核があって周りをマントルで包む構造は地球とよく似ています。

表面は厚い雲に覆われ、大気成分は主に二酸化炭素で温室効果の為に温度は470℃にも上がります。

英語では金星は美の象徴、ヴィーナス、ギリシア語ではアフロディテです。神話では天の神ウラノスを父に、地の神ガイアを母に、海の泡の中から生まれました。アフロディテはギリシア語で泡から生まれた者という意味です。

アフロディテの息子は愛の神エロス（英語ではキューピッド）でいつも愛の矢を持っていました。ある日アフロディテは誤ってエロスの矢で胸を傷つけます。そしてその矢を受けると最初に見た人に恋するのです。そしてアドニスという青年を見て恋の虜になりました。アドニスは狩りが好きで、特に獰猛な獣に夢中です。アフロディテは心配で、忠告しますが、アドニスは言う事を聞かず、ある時、１頭の猪を追い詰め槍で一突きにしました。ところが傷を負った猪は猛り狂いアドニスに突進し、鋭い牙を足に突き立てました。アドニスは絶叫し、その悲鳴を聞いたアフロディテは急いで駆けつけましたが、その時にはもはやアドニスの魂はどこにもありませんでした。

第3項　地　球

太陽系で唯一生物の存在が確認されているのは今のところ地球だけです。生物が生存することのできる領域の事をハビタブルゾーンといいます。太陽系では金星の外側から火星の内側の範囲で惑星では地球だけなのです。

地球の大きさは直径1万2800㎞と太陽の100分の1にもなりません（0・9％くらい）。

太陽からの距離は1・5億㎞でこれを1天文単位としています。

平均気温は約15℃で大概の地域で水は液体で存在します。

公転周期は1年、365・24日で太陽を1周し1日1回自転しています。

公転速度は29・8㎞／秒で、自転速度は緯度によって違いますが、東京あたり（北緯35度）だと382m／秒、時速で1374㎞で音速よりも速いのです。

太陽の惑星の中で水星、金星には衛星がありませんが、地球には1個、月があります。

ギリシア神話では地球は大地の女神ガイアです。

この世の最初はカオス（混沌）です。そしてガイアが生まれたのです。そしてガイアはウラノスを産みます。ガイアはウラノスと結ばれて、多くの神を産み、最後にクロノスを産みました。この子供たちはティタン族と呼ばれます。

その後、ガイアは更に奇妙な生き物を産んだのですが、父ウラノスは彼らを嫌って地の底に閉じ込めました。

ガイアはその仕打ちに復讐しようと子供たちにけしかけますが、誰も父ウラノスを恐れて何もできません。

その時にクロノスだけがウラノスに立ち向かい、父を倒し、世界の支配者となりました。

ウラノスは天王星に、クロノスは土星に見立てられています。

第4項　月

月は地球の唯一の衛星です。

大きさは直径が３５００㎞と地球の約27％、４分の1くらいです。

地球から約38・４万㎞の距離を27・２日かけて公転しています。

公転速度は秒速、約１㎞、時速で約３６００㎞です。

新月から次の新月（満月から次の満月）までを1朔望月と言いますが、これは29・５日です。

この２・３日の差は月が地球を1周する間に地球は太陽を13分の1周、回っているので月はその分余計に回らなくてはならないからです。

月の1日は地球の29・５日です。その為太陽が東の空から昇ってくると2週間かけて西の空に向かって沈んでいきます。その為日中は１１０℃もの高温になり、夜も2週間ほど続き温度はマイナス１５０℃まで下がります。

　地球が見える月面からは地球はいつも同じ位置にあって、約1カ月かけて地球は満ち欠けを繰り返しています。

ギリシア神話で月はアルテミスです。

太陽神がアポロンで月はその双子の妹アルテミスです。

父は大神ゼウスで母は女神レトです。

レトが二人を身ごもった時、ゼウスの妻ヘラは全世界にレトが子供を産む場所の提供を禁じたのです。海神ポセイドンの助けで浮き島デロス島を水の膜で覆い、漸く出産することができました。

アポロンが太陽の馬車で大空を駆け回り、アルテミスは月の馬車を走らせました。

ある時アルテミスはニンフたちを連れて森の奥の泉で水浴びをしていました。そこへ偶々狩人アクタイオンが通り掛かります。ニンフたちは慌ててアルテミスを隠そうとしますが、隠しきれません。アルテミスは怒りに震えアクタイオンに水をかけて叫びます。「私の裸身を見たと言いふらすがいい」と。

すると突然アクタイオンは鹿の姿に変わりました。アクタイオンは森の中を逃げ回りますが、一緒に狩りをしていた猟犬たちに襲われてしまったのです。

第5項　火　星

火星の大きさは直径6792km、地球の約半分の53・2%です。

太陽からの距離は1・5AUで約23億kmです。

地軸の傾きが25度と地球と同じくらい（地球は23・5度）なので同じような四季があります。但し公転周期が1・9年と地球の2倍ほどもあるので一つの季節も長く6カ月ほども続きます。

自転周期は約24時間37分と地球の1日とほぼ同じです。

温度は昼間は15℃くらいですが、夜間はマイナス100℃くらいまで下がります。表面は3分の2が赤褐色の砂漠の状態で時に竜巻のような砂嵐が起こっています。

高さが25kmもあるとてつもなく巨大な火山や、グランドキャニオンの10倍もある大峡谷が連なっています。

衛星を二つ持ち、フォボスとダイモスですが、不規則な形をしています。


ギリシア神話では火星は赤い色から軍神アレースと言われます。

大神ゼウスと妻ヘラの間に生まれます。彼は猛々しい性格で戦争を仕掛けては殺戮の場を見て喜んでいました。

アレースには恐怖の神ディモスと敗走の神フォボスという二人の息子たちと妹の争いの女神エリスを従えいつも４頭立ての戦車に乗って駆け回っていました。

アレースは神々の間では嫌われ者でしたが、美の神アフロディテは殊の外アレースに執心していました。しかし彼女には鍛冶の神ヘーパイストスという夫がいました。ヘーパイストスは二人の関係を太陽神アポロンから聞き大変驚きました。彼は自分の目で確かめようと細い糸でベッドの周りに網を張り巡らして、外出を装い、出掛けます。アフロディテはそれを知らずに早速アレースに迎えをやると、アレースは飛ぶようにしてやって来ました。

ところがアレースがアフロディテに近づいた途端、見えない網に二人は捕らえられてしまったのです。

帰って来たヘーパイストスは烈火のごとく怒り、オリンポスの神々に訴えました。

二人は散々晒しものになった後、海の神ポセイドンの仲裁で許されたのでした。

第6項　小惑星

太陽を公転する岩石質の小天体が小惑星です。形が歪なものが多く既に50万個も発見されています。殆どの小惑星が火星と木星の軌道の間、大体２・２～３・３ＡＵの距離にあってその領域を小惑星帯と呼んでいます。

１８０１年に第1号のケレスが発見され確認順に番号がついています。総数では１００万個以上にも上ると見られています。

太陽系形成の時期に木星の強力な重力によって惑星になれなかった小天体と考えられています。

木星軌道と同じ公転周期を持つトロヤ群や地球軌道を横切るアポロ群といった特異な軌道を持つものがあります。

日本の発見では１９００年に４９８番目のＴＯＫＩＯがあり、その後も発見が続いています。

小惑星にはギリシア神話にちなんだ名前のついたものが多くあります。

１８５２年に16番目に発見された、プシュケや１８９８年に発見の４３３番目エロスもギリシア神話からの名前です。

ある国に美しい３姉妹の王女がいました。

中でも末娘のプシュケは絶世の美女です。あまりにも美しいので誰も求婚してきません。それを心配した国王夫妻は神にお伺いをたてるとプシュケに花嫁衣装を着せて山の怪物の人身御供にしなさいというお告げがありました。両親がご神託のとおりにするとプシュケは突然舞い上がり深い谷間に飛ばされたのです。

するとそこには立派な宮殿があって、招き入れられました。そこでは召使がいて、夜になると優しい男性が現れ、いたわってくれました。その男性は実は女神アフロディテの息子、愛の神エロスだったのです。しかし彼は「決して私を見てはならない」と言いました。ある時プシュケは寂しさのあまり、実家に帰ります。すると姉たちはその話を聞きそれは怪物かもしれないと入れ知恵をします。宮殿に戻ったプシュケはある晩眠っているエロスを見てしまいます。目を覚ましたエロスはそれを知り、宮殿を去っていったのです。後悔したプシュケはエロスを捜し回りますが、女神アフロディテが嫉妬で邪魔をします。

しかしその試練を乗り越え最後にはエロスに会えるようにしてやりました。プシュケの気持ちを知ったエロスは神々の祝福を受けて正式な夫婦になりました。

第7項　木　星

太陽系第5惑星の木星は太陽系最大の惑星です。

直径は地球の約10倍、14・3万㎞、太陽の約10分の1です。

公転周期は約11・9年で、自転周期は0・41日なので大体10時間で1日です。

公転速度は秒速約13㎞で太陽を回っています。

衛星の数はガリレオ衛星4個、イオ、エウロパ、ガニメデ、カリスト含め、2024年時点で72個確定しています。

表面は硫化水素アンモニアの雲で茶色っぽく見えます。そして地球がすっぽり入るほどの長さ2万㎞の大赤斑という大渦巻きを持っています。

上層の温度はマイナス140℃ほどです。木星の組成は殆ど水素とヘリウムで、表面は液体アンモニアや液体ヘリウムの海で覆われています。


木星はローマ神話の最高神ジュピターの名前がつけられています。ジュピターはギリシア神話ではゼウスにあたります。

ゼウスは神々の第3代の支配者です。

この世界に天地がつくられた時に最初に現れたのは大地の女神ガイアです。その子供が支配者ウラノスです。そしてウラノスはガイアと結ばれ多くの神々と怪物が生まれますが、ウラノスは醜い怪物たちを大地の奥に押し込みました。ガイアはその復讐の為に子供たちをけしかけます。子供たちはウラノスを恐れますが、末っ子のクロノスだけが立ち上がり、ウラノスを倒し2代目の支配者になったのです。

クロノスも自分の子供たちに追われる運命にあり、その予言を知った彼は子供たちを次々に飲み込んでしまうのです。母親のレアが末っ子のゼウスだけは助けようとクレタ島のニンフに預けました。

成長したゼウスはクロノスとその兄弟ティタン族と戦い、勝利を収めゼウスの兄弟たちを吐き出させました。そして第3代の天地の支配者になったのです。ゼウスは海をポセイドンに、地下の世界をハデスに支配させたのです。

ゼウスは姉のヘラを妻にして、いつも傍に使い鳥の鷲を従えています。ゼウスはとても好色でヘラの目を盗んでは鷲や白鳥に変身し多くの女性との間に沢山の子をつくりました。

第8項　土星

土星は太陽系第6惑星で、質量と大きさは太陽系の中で木星に次いで2番目です。

直径は約12万㎞で地球の約9・4倍です。

太陽からの距離は9・6AUで約14・3億㎞です。

比重が太陽系惑星の中で最も軽く0・7ですから仮に大きな水槽に入れると浮かんでいることになります。

公転周期は29・5年で、公転速度は秒速9・65㎞です。自転周期は0・44日で、土星の1日は木星とほぼ同じで、10・6時間と地球の半分以下です。

表面温度はマイナス180℃で組成は木星と同じく、水素とヘリウムでできています。

土星の特徴は何と言っても巨大なリングです。私も初めて望遠鏡で土星のリングを見た時はとても感動しました。

7層のリングからできていて、発見順にA~Gまであります。リングの正体は平均数センチのチリや岩石、そして氷の粒子です。厚みは平均で150mほどです。

衛星は2024年時点で66個確定していますが、その後多くの発見の報告があります。

土星は太陽の周りを30年ほどかけてゆっくりと回っています。その為時を経た老人という意味で、ギリシア神話ではクロノスと呼ばれます。

クロノスは父ウラノスと母ガイアとの間に末っ子として生まれます。兄弟には後にティタン族とよばれる巨神たちがいます。クロノスの後に生まれるのは恐ろしい怪物たちですが、ウラノスはそれを嫌って地下に押し込んだのです。母ガイアはとても憤慨し、息子たちにウラノスを倒すようにけしかけますが、彼らは父をとても恐れています。クロノスだけが父に抵抗し、ある晩ウラノスを襲い彼の陰部を切り取り、遠くの海に投げ捨てました。やがてそこから白い泡が湧き出して美の女神アフロディテが誕生します。ウラノスを倒したクロノスは第２代の神々の支配者になり、レアと結ばれました。

クロノスが世界を支配していた時代は「金の時代」と呼ばれ、神々は人間を愛し、地上は楽園のように平和な時代だったのですが、やがて「銀の時代」「銅の時代」になるにつれて人々には徐々に不満が募り、日夜戦いに明け暮れるようになったのです。ローマ神話ではクロノスはサターンと呼ばれ、時、つまり季節の移ろいに関係する農業の神でもあったのです。冬至の日には祭りも行われ、その年の収穫を祝いました。

第9項　天王星

太陽系第7惑星の天王星の大きさは太陽系惑星の中で3番目です。

直径は5万1000㎞で地球の約4倍です。

太陽からの距離は19・2AUで約29億㎞離れて公転しています。

天王星は1781年にウィリアム・ハーシェルによって発見されました。

この惑星の特徴は自転軸が98度も傾いて、所謂横倒しの状態で公転しているのです。

これは惑星形成の初期に惑星サイズの天体が衝突し、その衝撃で傾き、その時にチリやガスが飛び散り後にリングや衛星を作り出したと考えられています。天王星のリングは11本あり、衛星は27個発見されています。

天王星の公転周期は84年と長く、人の一生の間に天王星は太陽を漸く1周するくらいです。

公転速度も秒速6・8㎞ほどで、地球の速度、秒速30㎞に比べても随分とゆっくり回っています。

自転周期は0・72日ですから1日はだいたい17時間で昼夜を繰り返しています。

表面温度はマイナス220℃と寒冷の世界で、組成はヘリウム、メタン、水素で、半分以上が氷でできているので巨大氷惑星の一つです。

衛星は27個確定しています（２０２４年時点）。

ギリシア神話で天王星は神々の祖先ウラノスです。この世の始めはカオス（混沌）です。そして混沌の中から一つの巨大な卵が生まれます。そして卵は二つに分かれ一つは大地の神ガイアとなり、もう一つは天空の神ウラノスとなり、天空の座となりました。ウラノスはガイアを妻として最初の神として、初代の世界の支配者となります。

そしてウラノスとガイアはティタン神族と呼ばれる神々を生み、ティタン神族の最後に生まれたのがクロノスです。

その後に、額の真ん中に眼を持つ一眼巨人のキュクロプスや１００本の腕と50の頭を持つ巨人のヘカトンケイルたちを生みますが、ウラノスは彼らを恐れ地下に閉じ込めてしまいます。ガイアは悲しみ憤激しティタン族の子供たちに復讐を呼びかけます。しかし彼らは父を恐れうつむくばかりですが、クロノスだけが立ち上がったのです。そしてティタン族を携えてウラノスを倒し、クロノスは第２代の神となりました。

第10項　海王星

海王星は太陽系惑星の中で最も外側をゆっくりと公転しています。

公転周期は約165年と長く人間の一生の間にはとても太陽を1周する事はないでしょう。

公転速度も秒速約5・4㎞で地球の速度秒速約30㎞と比べてもとてもゆっくりです。

太陽からの距離は30AUと地球から太陽までの距離の30倍で約45億㎞のところを公転しています。

自転周期は約0・77日と大体16時間ほどで昼夜を繰り返します。

大きさは直径が4万9500㎞で地球の約3・9倍ほどです。

海王星が発見されたのは1846年です。1781年に観測された天王星の軌道がニュートン力学からの計算と合わない事から天王星の外側に惑星があることが考えられ、その予測に従いベルリン天文台のガレが望遠鏡で探すとすぐに見つけたのです。

海王星の表面温度は天王星と同じくらいのマイナス220℃と寒冷で、大気はメタンや硫化水素で覆われ青緑色に輝いています。

リングを4本持ち衛星は14個（2024年時点）確定されています。

ギリシア神話における最高神は大神ゼウスで、海王星は海を支配するポセイドンです。ゼウスたちオリンポス神族は父クロノス率いるティタン族と戦い勝利します。そしてゼウスは第3代の天空の支配者となり、兄ポセイドンが海を、そしてハデスが冥界を統治することに決めたのです。海には「海の老人」と呼ばれるネレウスがおり、彼にはネレイドスという50人の美しい娘がいました。ある日、ネレイドスがナクンス島で踊っていた時にポセイドンが通りかかり一人の娘アンピトリテを見そめて妻にしようとします。しかしアンピトリテは気難しいポセイドンを嫌い、海の果てに逃れます。ポセイドンは必死になって捜しますが、どこを捜しても見つかりません。ある時、1匹のイルカがアンピトリテの居場所を教えてくれて漸く見つける事ができました。

ポセイドンは何とかアンピトリテを説得し、遂に結ばれました。

彼はいつも三俣の鉾を手に黄金の鬣を持つ馬に引かせた戦車に乗り、海を走り回っていました。そしてアンピトリテと海底の黄金の宮殿に住みやがて1男2女をもうけます。息子のトリトンは半人半魚の姿で穏やかな海で法螺貝を吹き鳴らして過ごしました。

第5章

星の物語

第1項　星の数

もの数を数える時に、たくさんある場合は「星の数ほど」と言う事があります。

では星の数は果たしてどれくらいあるのでしょうか。

まず星にはいろいろな種類があります。

私たちの住んでいる地球は、太陽を公転している惑星の一つですが、太陽には8個の惑星があります。

更に惑星の外側に冥王星やセレスという準惑星もあります。

惑星の周りを公転する月などの衛星があります。

火星と木星の間には小惑星帯という軌道があり、小惑星がたくさん集まり数百万という説もあります。

更に太陽系の外側には、エッジワースカイパーベルトやオールトの雲という場所があります。

太陽系外縁天体と言って太陽を公転していますが、カイパーベルトには公転周期が200年以下の短周期型彗星が、オールトの雲には同じく200年以上の長周期型彗星がたくさん集まっています。

このように太陽だけでも数えきれないほどの星を従えています。

太陽のように自ら光り輝くことのできる星を恒星と言います。

このような恒星が、天の川銀河には数千億個もあるようです。

天の川銀河の事を銀河系とも言いますが、更にこのような銀河が、宇宙には１０００億とも２０００億ともあると言われています。

「星の数」は本当に無数にあって数えきれないと言っても過言ではないですね。

第2項　星の明るさ

大昔、夜空を見上げると大体肉眼で6等星の星まで見えたそうです。6等星以上の明るい星は全天で約8000個ほどです。内北半球で見えるのはその半分の4000個ほど。地平線のあたりはよく見えないので、昔の人は天気の良い夜には3000個もの星を眺める事ができたのでしょうか。

BC2世紀頃、ギリシアの天文学者ヒッパルコスは全天で最も明るい星を1等星、そして肉眼で漸く見える星を6等星として星の明るさを6段階に分けました。

1830年頃イギリスのジョン・ハーシェルは1等星の平均の明るさが6等星の平均の明るさの100倍になる事を発見し、恒星の1等級毎の差を、約2・5倍に決めました。

現在の等級はこと座のベガを0等級に定め、これを基準にしています。

しかし星の明るさと言っても距離によって変わって見えます。

どんなに明るい星でも距離が遠くなると暗く見えます。星の明るさは見た目と実際の明るさとは違います。見た目の明るさを実視等級、本来の明るさを絶対等級といいます。

絶対等級とは同じ距離においた場合の明るさです。距離は10パーセクを基準としています。

1パーセクは年周視差で1秒角の距離のことです。光速で3・26光年、約31兆kmです。ですから10パーセクは32・６光年、３１０兆㎞です。

全天で一番明るい星シリウスは実視等級マイナス１・５等級ですが、８・７光年と近く、絶対等級だと１・４等級にしかならないのです。

ちなみに太陽は実視等級だと、マイナス26・７等級ですが、絶対等級ではわずか４・８等級と暗い星になります。

第3項　1等星

全天で見える星は肉眼だと8000個くらい（北半球だとその半分）が目一杯と言われますが、その中で1等星以上の明るい星は21個あります。

都会では多くの星を見るのは望めないですが、逆に数が少なくて星座を見つけるのが、容易いかもしれないですね。

特に冬の季節は乾燥して、空気も澄んで星がよく見えます。この季節は1等星が一番多く、冬の代表的な星座としてオリオン座があり、そして冬の大三角、更に広げて冬のダイヤモンドを探すのは寒い冬の楽しみの一つですね。

冬の大三角はおおいぬ座のシリウス、オリオン座のベテルギウス、そしてこいぬ座のプロキオンです。

中でもシリウスは全天で一番明るい星で、マイナス1・5等星です。

しかし、絶対等級では1・4等とそれほど明るい星ではありません。

絶対等級で一番明るい星ははくちょう座のデネブでマイナス7・2等もの明るさです。ところが、距離が地球から1800光年も遠く離れているので、1・3等星にしかならないのです。

オリオン座のベテルギウスは赤く輝く赤色超巨星で、明るさが変わる変光星です。

とても大きな星で、太陽の１０００倍もあり、もし太陽の位置に持ってくると、地球どころか、木星軌道まで覆うほどの大きさです。この星はいつ超新星爆発を起こしても不思議はないと言われています。

その時期は誰にもわからなくて、明日かもしれないし、１００万年後かもしれないのです。もし爆発を起こしたら、とても明るく輝き、昼間でも見えるほどだそうです。

第4項　超新星

１９８７年に突然、銀河系から最も近い銀河、大マゼラン星雲で急に明るく輝く星が現れました。16万光年離れたところに観測され、超新星１９８７Aと名付けられています。

夜空に突然明るく輝き出す星の事を新星と言って、その中でも特に明るい星は超新星と分類されます。超新星は恒星全体が爆発する現象です。

１９８７Aの衝撃波の中からニュートリノという素粒子を日本のカミオカンデという装置で捉えて小柴昌俊さん（２０２０年逝去）が発表しました。

それによって２００２年にノーベル物理学賞を受賞されています。この年は島津製作所の田中耕一さんもノーベル化学賞を受賞されています。

夜空に輝く星は殆どが主系列星と言って、核融合反応によって光り輝いています。これは水素のような軽い元素からヘリウムや炭素のように重い元素に変換する核融合反応によって、エネルギーを放出し、光り輝いています。そして最終的には鉄の核が中心にできます。

やがて重力が減ってくるとそれまで縮退圧と釣り合っていたのが、ガスの膨張の力が強くなり、赤色巨星となり、ガスを宇宙に放出し、中心には白色矮星が残ります。しかし太陽よりも8倍以上も重い星は最終的に重力崩壊を起こして大爆発を起こします。これが超新星爆発でエネルギーを大量に宇宙空間に放出し、太陽の10億倍も明るく輝き、最後は中心に中性子星やブラックホールができます。

そしてその時に鉄よりも重い元素である、ニッケルや銅、そしてウランなどの元素を作り宇宙に撒き散らします。

そしてそのような元素が、回り回って私たちの地球や人間を作っています。ですから新星と言っても実は星の最期の瞬間に光り輝く星の事だったのですね。

第5項　銀河と銀河系

夜空に満天の星と、靄がかかっているような光景を見た事があるでしょうか。都会で最近は見る事が少ないですが、旅行先で夜、空を見てハッとする事があるのではないでしょうか。

この靄が夜空に帯状にかかっているのが、私たち、太陽系が在る天の川銀河です。

ミルキーウェイとも言って、ギリシア神話では、大神ゼウスが生まれたばかりの赤ん坊を妻ヘラに言って、母乳を飲ませようとしたところ、赤ん坊ヘラクレスの力が強過ぎて、ヘラが驚き、母乳が飛び散ったという伝説からきています。

太陽のような恒星は単独では存在する事はなく、必ずどこかの銀河に属しています。太陽はこの天の川銀河に属していますが、天の川銀河には太陽のような恒星が、数千億も在るそうです。そして天の川銀河も矢張り、単独では存在せずにどこかの銀河群、銀河団を構成しています。

銀河群は銀河が数十個、そして数百から数千個集まると銀河団になります。

天の川銀河はアンドロメダ銀河と共に、銀河が90個ほど集まり局所銀河群を構成しています。半径は300万光年ほどです。

私たちに近いところにはおとめ座銀河団があって、1200万光年の広がりを持ち、

２５００個ほどの銀河が集まっています。私たち、局所銀河団は更におとめ座超銀河団に属し、３００万光年ほどの広がりです。

近年の研究では更に１００倍の大きさのラニアケア超銀河団の一部でもあるそうです。そして銀河群、銀河団、更に超銀河団の中心には全てブラックホールがあり、各々はそのブラックホールを中心に回転しています。

月は地球を中心に回転し、地球は太陽を中心に、太陽は銀河系中心の周りを回転し、銀河系は局所銀河群の周りを、そして更におとめ座超銀河団の周りを、更にはラニアケア超銀河団の周りを回っているとしたら、果たして地球はどこに向かって進んでいるのでしょうか、訳がわからなくなりそうです。

第6項　星座物語

全天に星座は88あります。日本から見える星座は50くらいでしょうか。全天のどこの領域もどこかの星座に属しています。

今から５０００年ほど前のバビロニアでは既に黄道12星座が考えられていました。そして２世紀頃にギリシアのプトレマイオスによって48の星座に整理され、それ以降１５００年にわたって使用されていました。

しかし48星座には南天の星が入ってなくて、星座の間にはっきりとした境界が無かったので、１９２８年に国際天文学連合で88の星座とその境界線が決まりました。

星座は季節によって変わっていきます。また1日の中でも動いています。

しかしその中で1年中動かず、そして1日中同じ位置にあって沈まない星があります。それが北半球では北極星、ポラリスです。そしてこの星を中心に星座が東から西に回転しています。

地軸と天球との交点が天の北極、天の南極になります。そして天の北極にあるのが、北極星です。ですから北極星の高度が今いる地点の緯度になります。東京だと北緯35度なので、北極星の高度は35度です。

恒星は北極星を中心に回転しているので、星座や星を見つけるにはまず北極星を探すのが一番ですね。

春から夏にかけてはおおぐま座の北斗七星から探します。春は北の空に、夏にかけては北西の空にひしゃくの形に並んだ七つの星を探します。おおぐまの背中から尻尾にかけての部分です。七つの内六つが2等星なので探し易いでしょう。そしてひしゃくの先二つを結んで、５倍に伸ばした先に北極星があります。

秋から冬にかけてはカシオペア座を見つけます。秋には北の空に、冬にかけては北西の空に「W」の形をしています。「W」の両サイドの縦線を狭い方に伸ばし、その交点と「W」の真ん中の星を直線で繋ぎ、真ん中の星の方向に5倍伸ばすと北極星が見つかります。

北極星は天の北極に一番近い星が当てられます。今の北極星も天の北極とは1度のズレがあるそうです。

現在はこぐま座α星が北極星ですが、地球の歳差運動の為に2万5０００年毎に天の北極は円を描いています。その為、１万２０００年後にはこと座のベガが北極星になります。

第7項　春の星座

春の星座は北の空に七つの星の連なりを探します。

日本ではひしゃく星とも言われる北斗七星です。おおぐま座の背中から尻尾の部分です。そしてこの尻尾のカーブを伸ばしていくとオレンジ色の1等星うしかい座のアルクトゥルスにぶつかります。更にそのカーブを南の空に伸ばしていくと純白の1等星おとめ座のスピカにつながり、これを春の大曲線と呼んでいます。

日本ではスピカの事を真珠星、アルクトゥルスを麦星と言って、この二つの星を夫婦星と呼んでいる地域もあります。

そしてこのアルクトゥルスとスピカを底辺として正三角形を西の空に描いてみるとその頂点にしし座の2等星デネボラが見つかります。これが春の大三角です。

デネボラは獅子の尻尾という意味で、そのまま西の方に伸ばしていくと、しし座の1等星レグルスがあり獅子の前足の部分にあたります。そしてレグルスから天頂に向けては「?」を左右にひっくり返したような星の連なり、獅子の大鎌が見えてくるでしょう。

ギリシア神話でおとめ座は農業の女神デメテールが左手に麦の穂を携えた姿でスピカが麦の穂にあたります。女神デメテールは大神ゼウスとの間に美しい娘ペルセポネーがおり、二人はいつも一緒に暮らしていました。ある日ペルセポネーが花を摘んでいる時、突然大地が割れ、冥界の王プルトーンが現れ、ペルセポネーを連れ去りました。デメテールは必死になって捜しましたが、誰も行方を教えてくれませんでした。やがて娘のベルトを見つけ、これがプルトーンの仕業だと知るのです。デメテールは事実を隠したシチリアの人々を恨み大地に蒔かれたタネが芽生えないようにしました。その為人々は飢え、神々への貢ぎ物も失うと恐れた大神ゼウスはプルトーンに半年の間ペルセポネーを返すように命じました。そしてペルセポネーが地上に半年帰ると植物は一斉に芽吹き、半年地下に帰ると植物は成長を止めたのです。

四季の変化はこの時から始まったと伝えられています。

第8項　夏の星座

旧暦7月7日は七夕です。七夕伝説では織姫と牽牛（日本では彦星）が年に一度天の川を挟んで会うことが許される1日となっています。そして織姫星がこと座のベガで、彦星はわし座のアルタイルです。都会では天の川を見る事はできなくても、夏の夜空、天頂近くこと座の1等星ベガは容易に見つける事ができるでしょう。そして南の方に目を向けるとわし座の1等星アルタイルが見つかります。この二つの星が、天の川を挟んで向き合っています。

アルタイルから真っ直ぐ北の方に見ると、はくちょう座の1等星デネブが見つかるでしょう。デネブはアラビア語で「尻尾」という意味でここから東西に羽を広げ天の川を南に向かって飛んでいる白鳥の姿を想像できるでしょうか。この十文字に並ぶ星の配置を北十字とも呼んでいます。このデネブとベガ、そしてアルタイル、三つの1等星が夏の大三角です。南の空に目を移すと赤い星さそり座の1等星アンタレスが見つかるでしょう。

こと座はギリシア神話では、音楽の名手オルフェウスが携える竪琴で、ベガはその取っ手のところにあります。父は太陽神アポロ、母は歌の女神カリオペです。彼がハープを奏でると動

物さえも聞き惚れ、岩さえも柔らかくなったと伝えられます。オルフェウスは泉の精エウリディケに恋をし、神々に祝福されて結婚しました。ところが、ある日エウリディケが友と草原を歩いていた時に毒蛇に足を咬まれて亡くなりました。

オルフェウスはとても悲しみエウリディケを何とかして生き返らせたいと思い詰め地下の死の国に向かいます。そして冥界の王プルトーンの前で、ハープを鳴らして心の丈を歌います。するとプルトーンは初め、拒絶していましたが、やがて願いを聞き入れてやります。但し、条件として死の国を出るまでは決して後ろを振り返って妻を見てはならないと言い渡しました。

オルフェウスは喜び勇んで妻を従え地上に向かいます。しかし長い道のりで次第に心配が募り、やがて地上の明かりが見えた時、彼は我慢できなくなって、後ろを振り返ったのです。その時エウリディケは小さな叫び声を残して再び死の国に引き戻されました。そして二度とエウリディケに会えなくなったのです。オルフェウスは半狂乱となって野山を彷徨い、川に落ちてハープと共に流されてしまいました。島に流れ着いたハープは島の人々が拾い上げアポロ神殿に捧げました。

息子の死を深く悲しんだ太陽神アポロはそのハープを天に上げて星座に加えました。

第9項　秋の星座

秋の夜空は1等星が少なく都会では星座は見つけにくいのですが、思い切り首を上げて天頂の辺りを見ると、四つの2等星が、四角の形をしているのが、分かるでしょうか。

「ペガススの四辺形」と言って天をかける馬、ペガスス座です。四つの星の一つはアンドロメダ座の一つアルフェラッツです。

そしてアンドロメダ座の東には、天馬ペガススに跨るペルセウス王子のペルセウス座、そして北に向かってはカシオペア座、ケフェウス座があります。

これらはギリシア神話に出てくるエチオピア王家の星座です。

ケフェウス王にカシオペア王妃、そしてアンドロメダ姫にペルセウス王子は伝説を作ります。

カシオペア座は「W」の形をしていて、前にお話しした北極星を見つけるときの目印にもなっています。

秋の夜空の明るい星には、西の空に夏の星座の名残、夏の大三角や、南の空に地平線近く、みなみのうお座の1等星フォーマルハウトが見えるでしょうか。

ギリシア神話でアンドロメダ座は王女アンドロメダ姫です。

古代エジプトの国はケフェウス王が支配し、王妃カシオペア、そして美しい娘アンドロメダ姫がいました。

王妃は自らの美しさを自慢し、あるとき海岸を歩きながら、海の妖精よりも私の方が美しいと口にしました。この言葉が海の神ポセイドンに伝わると彼は大変に激怒し、エチオピアの国に津波を起こし海岸一帯を水没させました。困ったケフェウスは神にお伺いをたてると、海神ポセイドンの怒りを鎮めるにはアンドロメダ姫を生贄にするしかないと告げられます。アンドロメダ姫は健気にも国を救うために、進んで生贄となり海岸の岩に鎖で繋がれました。

するとそこにギリシアの王子ペルセウスが通りかかり事情をアンドロメダ姫に尋ねます。そのとき突然怪獣が現れペルセウスに襲い掛かりました。ペルセウスは怪獣に剣を突き立て、メドゥーサの首を怪獣の前に差し出したのです。

ペルセウスは妖怪メドゥーサを退治した帰りだったのです。メドゥーサを見た途端怪獣は巨大な岩になりました。

アンドロメダ姫を助けたペルセウスは彼女を妻に迎えてギリシアに凱旋したのです。

第10項　冬の星座

冬の澄んだ夜空には明るい星が多く輝き、寒い中でもギリシア神話に思いを馳せながら星座を探すのはとても癒やされた気持ちになります。

まずは星座の王様オリオン座から。元日の夜9時頃に南東の空、丁度見易い中空に輝いています。特徴は四つの星が縦長の四角形を作り、真ん中に三つの星が並んでいます。「オリオンの三つ星」と言われギリシア神話の狩人オリオンが腰に締めたベルトの部分です。オリオンの右肩にはベテルギウス、左足つま先にはリゲル、共に1等星が輝いています。

そして南の方には全天で一番明るい星シリウスが、東の方にはこいぬ座のプロキオン、そしてオリオン座のベテルギウスと合わせて冬の大三角です。

今度はオリオン座から少し天頂に向けて西の空におうし座の1等星アルデバラン、更に天頂より北の空にぎょしゃ座の0等星カペラ、そして天頂より東に向いてふたご座の1等星ポルックス、この三つの星と先ほどの冬の大三角のベテルギウスをリゲルに変えると冬のダイヤモンドになります。

まるで冬の夜空は宝石箱をばら撒いたようですね。

ギリシア神話でオリオンは海神ポセイドンと女神エウリュアレの子として生まれ、類い稀な美しさを備えた、たくましい若者として成長しました。

オリオンは父から海を歩く力を与えられギリシアの島々を自由に渡り歩きクレタ島で女神アルテミスに恋をしました。オリオンは狩りの腕前を自慢するあまり、地上の動物を全て射止めてやると言い放ったのです。

それを聞いた大地の女神は怒り、１匹の大さそりを放ちました。そしてオリオンはそのさそりに刺されて猛毒の為に命を落としました。星座になったオリオンは東の空におおいぬ座とこいぬ座の猟犬を従え、足許には獲物のうさぎ座や西の方にはプレアデス星団の小鳥たちが逃げていくのが見られます。

しかしさそり座が東の空に現れる前にオリオン座は西の地平線に隠れ、さそり座が西の地平線に沈んでから東の空を昇ってきます。これはオリオン座とさそり座が天球上の反対方向にあるからですね。

今でもオリオンはさそりを恐れているようですね。

第6章 宇宙ヒストリー

第1項　宇宙創生

第2項　宇宙は一つの点から始まった

第3項　宇宙の歴史を遡る

第4項　宇宙の始めは0《ゼロ》K

第5項　0《ゼロ》点振動

第6項　初めに核子

第7項　元素の合成

第8項　銀河の誕生

第9項　恒星の誕生

第10項　太陽系の誕生

第1項　宇宙創生

私たちの物語は138億年前の、ある日、ある時突然始まりました。

宇宙が始まった瞬間を特定する事ができるかどうかはわかりませんが、ここでは全く何もないところから突然空間が現れた時が宇宙の始まりとします。そしてその時に時間も始まりました。時間と空間は一体のもので切り離す事はできません。

中国前漢時代（BC2世紀）の書物『淮南子』に「往古来今謂之宙、天地四方上下謂之宇」とあります。要するに宙が時間、宇が空間の事です。すなわち宇宙は時空の事だと書いています。

時空は何も無いところからいきなり始まりました。その前には時間も空間も何もなく、エネルギーも光も原子や分子も全く何も無いところに突然空間が現れます。時間もその時に始まります。

物理学では、熱力学の第三法則に絶対温度0《ゼロ》K（ケルビン）には決して到達できないという法則があります。絶対温度というのは素粒子の振動の大きさを表します。従って絶対温度0《ゼロ》Kというのは素粒子の振動が止まった状態の事です。素粒子は振動が止まる事はありません。何故なら振動が止まると空間がなくなるからです。

宇宙の始まりとは何も無いところに空間が突然現れた瞬間です。空間が現れるのは振動が始まった時です。何もない状態というのは完全な真空の状態の事です。それでは完全な真空状態というのはどういう事なのでしょうか。

完全な真空状態というのは何もないのではなくて、逆にぎっしりと詰まって、何も入る隙のない状態のことではないでしょうか。そこには無理矢理素粒子、すなわち物質がぎゅうぎゅうに詰め込まれた過飽和状態です。その極限の状態が絶対温度0《ゼロ》Kであって完全な真空状態です。そのような状態であれば、何らかのきっかけで素粒子が振動を始めても不思議ではありません。そしてその飛び出した素粒子が空間となってその時に時間も始まったのです。

これが真の宇宙の始まりです。さてそのような完全な真空状態とは一体どこにあるのでしょうか。私はその正体はブラックホールではないかと考えます。

第2項　宇宙は一つの点から始まった

宇宙の歴史は今では１３８億年と言われています。１３８億年前に宇宙は点から始まりました。点と言ってもとても小さな特異点です。

ユークリッド幾何学では点とは位置だけあって大きさを持たないと定義されています。宇宙は現在も膨張を続けています。宇宙が膨張しているという事は過去に遡ると宇宙はどんどん小さくなる事になります。そしてやがて点にまで収縮します。その時が今からおよそ１３８億年前です。

宇宙に関してこのような考え方が出てきたのはここ最近、僅か１００年以内の事です。それ以前は宇宙の見方は永遠に不変であって、大きさも私たちのいる銀河系程度だと考えられてきました。

人類の歴史の中で宇宙に対する見方が大きく変わったのは3回あります。

1回目はBC４~6世紀頃古代ギリシア時代にピタゴラスやアリストテレスが地球は平面ではなくて丸いという事を言っています。月食に映る影が地球の影である事を見抜いていました。それまで人々は、大地は平面でどこまでも永遠に続いていると考えていました。

2回目はＡＤ16世紀にコペルニクスが『天球の回転について』を発表し、地動説を唱えました。それまではAD2世紀にプトレマイオスが『アルマゲスト』で天動説を説明し、宇宙は地球が中心で太陽や惑星、恒星が回っているという考え方が支配していました。

コペルニクス的転回というのはそれまでの常識が大きく覆される事を表す言葉にもなりました。

3回目が1929年にUSの天文学者ハッブルが遠くの銀河ほど速い速度で遠ざかっている事を発見し、この事から宇宙が膨張している事が分かったのです。

宇宙が膨張しているのであれば過去に遡れば昔の宇宙は小さく収縮していた事になります。そして現在の宇宙の膨張速度から逆算すると宇宙が究極的に点になるのは今から138億年前になります。

第3項　宇宙の歴史を遡る

太陽の光が地球に届くのに8分20秒ほどかかります。

アンドロメダ銀河から出た光は地球に届くまで230万年ほどかかります。という事はそれだけ過去の姿を見ている事になります。

空を見上げるという事は宇宙の過去を眺める事になります。

即ち私たちは宇宙の歴史を観測しているのです。

宇宙の歴史は138億年と言われています。この138億年の宇宙の歴史を宇宙を眺める事でたどることができます。

ただ、宇宙の始まりの頃はやっと素粒子ができたばかりで光も素粒子に阻まれて外に飛び出す事ができませんでした。やがて宇宙が誕生して30万年経つと漸く温度も3000Kほどに下がり、原子核と電子が結合し原子が生まれ、そして光も自由に動くようになります。

この時を宇宙の晴れ上がりと言って光が外に飛び出してくるようになります。

この時に飛び出した光が宇宙の膨張と共に波長が1000倍に引き伸ばされて現在では2・7Kの宇宙背景放射として地球でも観測されています。

これが宇宙の始まりの光で、この時代まで遡って宇宙を観測する事ができます。

宇宙は今でも膨張しています。という事は過去の宇宙は今よりも小さかった事になります。

宇宙誕生直後の宇宙から初めての光が現在宇宙背景放射として私たちに届いていますが、その時の宇宙は今よりも1000分の1ほどの大きさだったようです。そしてその小さな宇宙を138億光年先に広げて観測している事になります。という事は1000分の1の大きさの宇宙を138億光年先の宇宙最大の広がりにみるという事ですね。

宇宙の始めの頃にできた銀河も大きく引き伸ばして見ている事になるのでしょうか。

第4項　宇宙の始まりは0《ゼロ》K

宇宙が始まる前は時空が0《ゼロ》の世界です。そして温度も0《ゼロ》Kです。

皆さんお馴染みのブラックホールを考えた時にブラックホールの中心は重力も圧力も密度も温度も無限大になります。そしてそこでは時間と空間が0《ゼロ》に近づきます。

さて無限大とはどういう事なのでしょうか。

私は究極の無限大とは0《ゼロ》の事で0《ゼロ》と無限大は表裏一体で、同じものではないかと考えます。

例えば台風のエネルギーを考えた時に台風のエネルギーは中心に向かって大きくなり、外側に向かっては小さくなります。ですから台風の中心、即ち台風の目がエネルギー最大ですね。

ところが台風を上空から眺めた時に台風の雲は中心に穴が空いています。地上にいても台風の中心に入るとそこは無風状態で、とても穏やかで太陽の陽もさしてきます。という事はエネルギーが最大になるとそこはエネルギーが0《ゼロ》になりますね。

さて宇宙の始まりとは宇宙を過去に遡る事ですね。宇宙を遡ると重力、圧力、密度、温度はどんどん無限大に近づいていきます。そして無限大に近づくと時間と空間が0《ゼロ》になっていきます。

このように宇宙の始まりまで遡るとそこは重力、圧力、密度、そして温度が無限大となり、そしてそこが時間と空間が０《ゼロ》の世界になります。

これが宇宙の始まりです。

初めに言ったようにこの宇宙では温度は０《ゼロ》Ｋになる事はありませんが、宇宙が始まる前は温度も時間も空間も全てが０《ゼロ》だったのですね。

第5項　0《ゼロ》点振動

宇宙を観測する事は宇宙の過去を見る事です。宇宙の歴史138億年を遡る事ができます。現在、宇宙は膨張していますので、過去に遡ると縮小していきます。尤も宇宙が始まってから30万年ほどは光も混沌としていたのでその先は観測できません。しかし究極の宇宙の始まりはとても小さな特異点だったのです。この特異点から宇宙は始まりました。

ところで特異点とはどのような点なのでしょうか。

前にも言いましたが、ユークリッド幾何学では「点とは部分を持たない」とあります。位置だけあって大きさがないという事です。

何だかよく分かりませんが、兎に角、特異点とは重力、圧力、密度、そして温度が無限大となって時間と空間が0《ゼロ》になるところです。

0《ゼロ》とは何も無いという事です。何も無いという事は究極の真空のことでしょうか。

量子力学では電磁場が全く無い状態はあり得ないのです。何も無い真空のように見えてもそこには必ず場が充満していて、０点《ゼロ》振動をしています。

場が全く無い状態はあり得なくて真空とは何も無い空間ではなく、あらゆる粒子の波が０点《ゼロ》振動をしている状態なのです。


ところで宇宙がこのまま膨張を続けていくとどこまでも広がり、やがて素粒子もまばらになって真空に近づいていきます。そして究極の真空になって何も無いところには矢張り場があって０点《ゼロ》振動が充満しています。

すると宇宙の始まりの特異点と、宇宙の果ての究極の真空とは同じものですね。


いずれも何も無いはずのところに場が充満し０点《ゼロ》振動をしています。

という事は、宇宙は０点《ゼロ》振動から始まって、０点《ゼロ》振動で終わるという事になり、いつまで経ってもこの繰り返しなのですね。

宇宙の果てを観測し、１３８億光年先の宇宙の始まりを見ていたのが、宇宙の終わりを見ているのと同じ事なのでしょうか。

第6項　初めに核子

私たち人間も他の動物、そして植物、鉱物など宇宙の全ての物は全く同じものからできています、と言ったらとてもビックリしますね。

そうです。人も石も、机もスマホも全ては同じ材料からできているのです。違いはその組み合わせだけです。

では何からできているのかというと、それは原子です。宇宙のあらゆるものは全て原子からできています。それは地球も、太陽も恒星も皆同じです。

この宇宙には百数十種類の元素が存在しますが、これらは全て原子核の数の違いによるもので全て原子の組み合わせです。この原子の組み合わせによって物質の形態が異なります。ですからこの宇宙の全ての物は原子からできているのです。

この原子の組み合わせによって、太陽や恒星や地球が生まれ、そして地球の中で生物が生まれ、動き出し、進化していくのはとても不思議な事です。

全ては原子という同じものからできています。では原子とは一体いつ頃生まれたのでしょうか。

原子とは原子核に電子がくっついたものです。そして原子核とは陽子と中性子がくっついたものです。陽子と中性子は核子といって素粒子からできています。素粒子にはクォークとレプトン、各々6種類ずつあります。

クォークには第三世代まであって、その中の第一世代がアップクォークとダウンクォークです。そしてアップクォーク二つとダウンクォーク一つが、陽子となり、アップクォーク一つとダウンクォーク二つが中性子です。

電子はレプトンの中の一つです。

この素粒子は宇宙誕生と同時にでき、核子もすぐにできたのです。

宇宙は核子から始まりました。

第7項　元素の合成

宇宙にある全ての物は原子からできています。

中学校で習った元素周期表は、元素が原子の数の順番に並んでいます。

原子とは原子核に電子がくっついたもので、原子核は陽子と中性子がくっついたものです。

そして陽子の数が原子番号で、陽子と中性子の合計が質量数です。


宇宙全体で見ると、水素が93・3%、ヘリウムが6・5%を占め、残りの元素は僅か0・2%ほどしかありません。

それではこの元素はいつ頃できたのでしょうか。


宇宙の始まりは素粒子の振動です。素粒子とはクォーク、レプトン、そして光子即ちフォトンです。そしてすぐにクォークがくっついて核子ができ、核子に電子がくっついて原子ができます。元素の中で炭素よりも軽い元素を軽元素、重い元素を重元素と言います。

宇宙初期の温度はとても高温です。その時に核反応が起こり、ヘリウムやリチウムの軽元素が合成されました。僅か3分でできたのです。その後、宇宙は膨張するにつれ温度が下がり、炭素よりも重い重元素はできなくなりました。そして重元素合成は星の進化を待たなければならなかったのです。恒星や銀河が形成されるのは宇宙誕生から2億年ほど経ってからです。

重元素は恒星の中で作られます。太陽質量程度の恒星の中では水素、ヘリウムから炭素までしか核融合反応は進まないのですが、太陽質量の10倍以上の重い恒星では酸素から鉄まで作られます。そして鉄までできた後に、大爆発を起こします。これが超新星爆発です。

超新星爆発によって恒星の中で作られた元素を宇宙空間に放出します。更に爆発のエネルギーによって鉄よりも重い元素を合成して宇宙空間にばら撒かれます。これを爆発的元素合成と言ってせいぜい数十秒で重元素の銅、銀、金などが作られます。

現在、元素周期表には１１８種類ほどの元素が載っていますが、天然にあるのは88種類と言われています。それより重い元素は地球の実験室で合成されています。

最近日本の研究者の実験によって合成でできた元素の発表がありました。１１３番元素で日本の名前からニホニウムＮｈと命名されました。

第8項　銀河の誕生

銀河は宇宙誕生から数億年後には形成が始まりました。

最新のすばる望遠鏡の観測で最遠の銀河が131億光年先に発見されています。という事は銀河は宇宙が誕生してから数億年後には形成が始まったようです。


やがて銀河系も誕生しますが、初期の頃はとても小さくて、太陽質量のせいぜい100万倍ほどだったようです。その後他の銀河との合体を繰り返し数億年かけて現在と同じくらいの質量になりました。

銀河というのは宇宙に満遍なく広がっているのではありません。実は網の目のように広がっています。そして網の目の間には銀河は殆どなくて、その空間は1億光年もあります。これをボイドと言います。そして網の目模様の網のところに銀河が密集しているのです。

これが宇宙の大規模構造といって宇宙における最大の構造です。

この大規模構造の中に銀河の階層構造があります。


地球が太陽の周りを公転しているように、太陽も銀河系の中心にある巨大ブラックホールの周りを回転し、そして銀河系も更に大きな銀河の中心の周りを回転しています。

銀河が数十個集まった集団を銀河群といって広がりは数百万光年あります。更に銀河が数百個集まると銀河団になり、広がりは1000万光年ほどにもなります。その上は超銀河団となって、広がりは1億光年になります。


私たちの銀河系は伴銀河の大小マゼラン銀河やアンドロメダ銀河と共に、30個ほどの銀河が集まって、局所銀河群となり300万光年ほどの広がりがあります。そしてその隣にはおとめ座銀河団があり、銀河の数は2500個、広がりは1200万光年にもなります。

このおとめ座銀河団を中心に私たちの局所銀河群を含めて、おとめ座超銀河団を構成し、広がりは1億光年にもなります。

更に最新の研究では、最上部の階層にラニアケア超銀河団というのがあって、この局所超銀河団も含まれているようです。

とてつもなく大きな階層構造ですが、私たち天の川銀河もその中の一つなのですね。

第9項　恒星の誕生

宇宙で星が誕生するのは銀河の中です。銀河は宇宙誕生後、数億年経ってからできたので、星も銀河ができて間もなく生まれたと考えられます。

恒星は今でも誕生しています。そして銀河の中で星間物質が沢山集まり、密度の高いところ、所謂、暗黒星雲や散光星雲の中で生まれています。

星雲の中で更に密度の高いところには星間ガスや宇宙塵が集まり、分子雲コアができます。それが自己重力で収縮しガスが中心部に集中し、原始星ガス円盤が形成され、周りのガスがジェットとなって噴き出します。

やがて中心部では温度が上がり核融合反応が始まって、そのエネルギーで光が強く放射されます。これが恒星の誕生です。では、星の寿命はどれくらいでしょうか。恒星の進化は質量によって変わってきます。

太陽ほどの質量の星の寿命は１００億年ほどです。現在太陽は誕生してから47億年ほど経っていますので、残りはあと50億年ほどでしょうか。太陽は水素の核融合反応で輝いていますが、やがて水素がなくなると周りのガスが膨張していき、赤色巨星となって、地球軌道まで覆われます。

そして中心部に残されたヘリウムが圧縮されて温度が上がり、1億℃になるとヘリウムの核融合反応が始まりますが、周りのガスが少ないために、この反応が暴走し、ヘリウムフラッシュを起こし、惑星状星雲になります。大きさは惑星軌道よりも大きくなります。

残るのは半径が今の太陽の１００分の1、地球ほどの大きさの白色矮星になります。密度は高密度で、１㎤で1トンにもなります。太陽質量の10倍ほどの恒星になると、ガスを放出した後に、中性子だけのコンパクトな天体になります。直径はせいぜい10㎞ほどですが、中性子星となり超高密度で、パルサーと言って超高速度で回転する強力な電磁波ビームを放射しています。

更に太陽質量の20倍ほどの恒星は最後にはブラックホールとなります。このような恒星は核融合のスピードがとても速く、１０００万年ほどで核反応の進化を終えます。私たちは程良い質量の星に生まれてよかったですね。

第10項　太陽系の誕生

宇宙の歴史を辿ってきましたが、いよいよ地球の誕生です。地球は太陽ができて、1億年ほど経って、他の惑星と同じ頃にできたと考えられます。太陽が生まれたのは今から47億年前頃ですから46億年前頃でしょうか。

太陽は、銀河系の中で、他の恒星と同じように分子雲の中で生まれました。分子雲の中で密度の濃いところに分子雲コアができます。やがて自己重力で凝縮し、原始惑星系円盤ができるのです。

そしてこの原始惑星系円盤内で地球や他の惑星が、形成されます。内側の惑星から形成されていきますが、原始惑星系円盤から今の太陽系の形になるまでに数億年かかっていると考えられています。

太陽系の惑星はみなさんご存知の通り8個です。三つのタイプがあって、地球型、木星型、天王星型に分けられます。地球型は水星、金星、地球、火星の4個、木星型は木星、土星の2個、そして天王星型は天王星と海王星の2個です。特徴は、地球型は岩石質で、木星型はガスが主体、天王星型は氷が主体でガスは10％ほどです。

原始惑星系円盤の中心から約3天文単位あたりを境界に内側には岩石質ダストが多く集まり、外側には氷質のダストが集まっています。

ダストが集まり微惑星ができます。大きさは数キロメートルです。その中で質量の大きな微惑星が重力によって周りの微惑星を集めて大きくなり、原始惑星を形成するのです。

地球型惑星は、こうして形成された数十個の原始惑星が巨大衝突を繰り返して形成されます。月もこの時の巨大衝突で形成されたと考えられます。

木星型惑星は微惑星が集まり、原始惑星となり、更に大きな重力によって大量のガスが降着し巨大惑星が形成されます。

惑星の軌道間隔は各々の重力圏による寡占的成長によって現在の位置を占めたと考えられます。

火星と木星の間の小惑星帯は惑星にまで成長する前に木星など、他の惑星の重力の影響を受けて衝突速度が速くなり過ぎた為に惑星に成長する事ができなくて微惑星のままで残りました。太陽系の最も外側にあるオールトの雲の彗星は惑星の重力によって遠くまで飛ばされた微惑星だと考えられています。

太陽圏の広がりは最長1光年先まで及んでいるようです。

第7章

地球の物語

第1項　地球の誕生
第2項　ハビタブルゾーン
第3項　シアノバクテリア
第4項　スノーボールアース
第5項　超大陸パンゲア
第6項　カンブリア爆発
第7項　ヒマラヤは昔海の底
第8項　ダイヤモンドの起源
第9項　日本列島誕生
第10項　未来の超大陸

第1項　地球の誕生

地球は他の太陽系惑星と同じ頃に生まれました。

太陽系円盤ができてから今の太陽系になるまで数億年かかっていると考えられますので、地球ができるのは1億年後くらいでしょうか。今から46億年前に誕生しています。

地球は太陽系円盤の中で、比較的内側、岩石質の微惑星が集まるところで、微惑星の重力による引きつけで、衝突を繰り返し段々と大きくなっていきます。そしてその中で比較的大きなものが、更に激しく衝突を繰り返し、やがて複数個の原始惑星が同じ軌道上にできます。同じ軌道上にできた原始惑星は寡占的成長に伴い、最終的には巨大衝突の結果、一つの惑星が残ります。地球の軌道上に最後に残ったのが地球なのです。

原始地球は質量が増えると、衝突エネルギーが増し、運動エネルギーが熱に変換されて地表はどんどん熱くなり、岩質が溶けてマグマの海、マグマオーシャンになります。そして密度の大きい金属鉄は地球の中心に向けて沈み込み、核となります。その周りを岩石質の物質が取り囲み、マントルとなります。マントルの表面には密度の比較的小さい玄武岩や花崗岩の地殻ができていきます。

地球の半径は約６４００㎞ですが、中心から約１３００㎞までが固体の金属質の内核、その上２２００㎞くらいが液体の金属質の外核、その周り約２８００㎞がマントル、一番外側の約１００㎞が地殻になります。但し地殻は海洋と大陸とで厚さは違ってきます。

地球の中心の温度は６０００～８０００Ｋ、そして圧力は４００万気圧にもなっています。

第2項　ハビタブルゾーン

宇宙はとてつもなく広大ですが、生命が生存する事ができる場所は極めて限られています。生命が存在していく為には液体の水が必要不可欠です。この液体の水が存在可能な領域の事をハビタブルゾーンと言います。

太陽系の中では金星よりも外側で、火星よりも内側がハビタブルゾーンになっていて地球が丁度その中に入ります。

地球の表面は3分の2が海に覆われていて水惑星とも呼ばれています。月から見た地球の画像を見た事があるでしょうか。とても青く輝いています。

それでは地球において海の水はどのようにしてできたのでしょうか。地球は元々微惑星が衝突を繰り返し、徐々に大きくなり、原始惑星となって、更に巨大衝突を経て今の地球になりました。

地球全体の海水の質量は僅か0・03％ほどですが、微惑星には平均して1％くらいの水を含んでいます。

そして微惑星は衝突の時に水酸化化合物が分解されて水蒸気ができます。その水蒸気は強力な温室効果となり、地表温度が1000℃以上となってマグマの海となります。しかしマグマオーシャンは水蒸気をよく吸収するのでやがて温室効果が薄まり、大気中に残った水蒸気がその後大雨となり海ができたのです。

ところで地球以外にハビタブルゾーンにあるような惑星は存在するのでしょうか。太陽系以外で惑星を発見するのはとても難しいのですが、現在では数千個の太陽系外惑星が確認されています。

その中でＮＡＳＡのケプラー望遠鏡で、ハビタブルゾーンにある星が今続々と見つかっています。地球によく似た惑星も発見されています。そこには生命が存在しているかもしれないですね。

いつか地球以外の惑星に生物が発見される日がくるのでしょうか。

第3項　シアノバクテリア

私たちが地球上で空気を吸って普通に生活できるのは、大気中に酸素が充分にあるからです。大気中には21％の酸素があり、二酸化炭素は0・04％ほどです。実はこの酸素を作り出したのは原核生物のシアノバクテリアなのです。

元々地球上の大気には酸素は全く無くて、水蒸気や二酸化炭素、メタンガス、窒素が充満していました。やがて地球の温度が冷えると水蒸気は海となり、海は二酸化炭素を取り込んで石灰岩となり沈殿し地殻を作りました。

地球に生命が誕生したのは40億年前くらいでしょうか。最初の生物は原核生物です。

やがて光合成によって紫外線と二酸化炭素を取り込んで酸素を放出する能力を持った真正細菌のシアノバクテリアが現れます。すると他の嫌気性の細菌などは細胞が破壊され絶滅します。その後シアノバクテリアの天下となり、大繁殖していきます。そして海中に酸素を放出すると、海中に大量に溶解していた鉄イオンを酸化させて沈殿し縞状鉄鉱床を作りました。

縞状鉄鉱床は19億年前より後にはほとんどできていないのでその頃までには海中の鉄イオンはほとんど酸化され尽くしたのです。海中に鉄イオンが無くなると酸素は大気中に放出されていきます。

24億年前には大気中に酸素が急激に増えるという大酸化事変が起こっています。そして上空には私たちを紫外線から守ってくれるオゾン層が形成されていきます。

シアノバクテリアはストロマトライトという岩石になり、今でも西オーストラリアで見る事ができます。シアノバクテリアの光合成活動が活発になった事で大気中の二酸化炭素は取り込まれ、気温の急激な低下によって、原生代には3回ほど大きな全球凍結の時代がありました。

1回目は24億年前のヒューロニアン氷河時代です。

次のスターチアン氷河時代は7億年前、マリノアン氷河時代は6・3億年前です。そして氷河時代の後に生物にとって大きな変化が起こります。多細胞生物の出現です。それが顕生代のカンブリアの大爆発に繋がっていくのです。今私たちが地球上で普通に生きられるのはシアノバクテリアのおかげと言っても過言ではありません。もしも地球以外の天体の大気中に酸素が見つかればそれはその天体に生命が存在している大きな証拠になるでしょう。

第4項　スノーボールアース

今地球は温暖化の傾向があり、今世紀末には平均気温が１００年前に比べて４℃も上昇するという試算もあり、対策が急がれています。

現在の地球の平均気温は約15℃です。しかし過去には全球凍結、即ちスノーボールアースになった事が原生代（約25億〜６億年前）に３度ほどありました。スノーボールアースというのは地球全域が氷河で覆われ、気温はマイナス50℃まで下がり海は深さ１０００ｍまで凍結しました。そしてこの状態は１０００万年ほど続きます。

原生代初期の24億年前にヒューロニアン氷河時代、原生代後期７億年前にスターチアン氷河時代、６・３億年前にマリノアン氷河時代がありました。

根拠としては、世界中に氷河でなければ運ぶ事のできない巨大岩石物が見つかっており、その見つかった場所が当時赤道域に迄位置していた事等から、赤道まで氷河が覆っていたと考えられています。

地球が寒冷化によって全球凍結に至った原因としては、大気中の二酸化炭素濃度が急激に低下した事が考えられます。

光合成生物の活発化によって二酸化炭素が取り込まれ、有機炭素として大量に固定化されます。そして大量の酸素の供給によってメタンガスを酸化し、メタン濃度が急激に低下した事により、温度が急速に下がっていったと考えられています。

その氷河時代に終わりを告げるのは、火山活動による二酸化炭素の蓄積です。二酸化炭素が大気中にたまる事で温度が上がり氷河が溶けていきます。温度の上昇は加速し、気温が50℃にもなったと考えられています。

地球の平均気温が１００℃も変動するという過酷な環境下で果たして生物は生存できたのでしょうか。実は地球の表面は凍結していても深海底は依然マグマの噴火が続いており、80℃以上でも生育できる好熱菌やシアノバクテリアも生き延びたようです。

ヒューロニアン氷河時代の直後には原核生物から進化した真核生物が出現しています。そしてマリノアン氷河時代の後、６億年前頃には多細胞生物に進化し、大型生物が出現し、やがて顕生代に入り５・４億年前のカンブリア爆発で多種多様な生物が出現するのです。

第5項　超大陸パンゲア

現在でも大陸は毎年数センチほど移動しています。これは地球はマントルの上に十数枚のプレートが乗っかり、そのプレートが動いているからです。

現在は6大陸に分かれていますが、昔の地球は全て一つの大陸につながっていた時代がありました。

1912年にドイツの気象学者アルフレッド・ワグナーが「大陸移動説」を発表しました。それは、大陸は移動し離散集合を繰り返し、3億年前には一つの大陸パンゲアがあったが、やがて分裂し現在の6大陸の姿になったというものです。当時は誰も信じなかったのですが、現在ではプレートテクトニクスによって大陸が移動し、離合集散を繰り返す事がわかっています。

地球の歴史では過去に3度ほど超大陸ができています。

19億年前にはヌーナという超大陸がありました。そのヌーナには4000㎞もの大きな山脈があった事もわかっています。

その後ヌーナは分裂し、ローレンティア大陸などができましたが、9億年前には合体し、次にできた超大陸がロディニアです。
ロディニアもその後分裂し、その後３度目にできたのが超大陸パンゲアです。約３億年前の事です。

パンゲアの北側がローラシア大陸、南側がゴンドワナ大陸です。そして２億年前ごろから分裂を始め、北のローラシア大陸は北アメリカ大陸とユーラシア大陸に、南のゴンドワナ大陸はアフリカ大陸、南アメリカ大陸、そして南極大陸やオーストラリア大陸に分裂していきます。そして１・５億年前頃にゴンドワナ大陸から分かれたインド亜大陸は北上を始め、やがてユーラシア大陸に衝突、合体し、現在のような６大陸の形になったのです。

大陸の移動が毎年１㎝くらいだと、それほどの事ではないと思いますが、地球46億年の歴史からすると１億年で１０００㎞、毎年５㎝だと５０００㎞も移動する事になります。
インド亜大陸がゴンドワナ大陸から分かれてユーラシア大陸に衝突するのも１・５億年かけて６０００㎞も北上を続けたからです。

第6項　カンブリア爆発

今から5・4億年前のカンブリア紀からの顕生代に対し、それ以前の地球の歴史から冥王代、始生代、原生代を先カンブリア時代と呼んでいます。

顕生代の始まり、カンブリア紀に1000万年ほどの間に生物は一気に進化し、爆発的に種類を増やしました。この事象をカンブリア爆発と呼んでいます。

一体何があったのでしょうか。

6・3億年前のマリノアン氷河時代が終わり、6億年前頃から生物は真核細胞から多細胞生物に大きく進化していきます。

オーストラリア南部のエディアカラ丘陵で5・6億年前の地層から生物化石が発見されました。化石から分かったのは軟体性の生物で「エディアカラ生物群」と呼ばれています。

エディアカラ生物は化石の形から大きなものでは1mもありました。全て軟体性で、硬い殻も無く、足も無く、歯も眼も無かったのです。それらから考えられるのは、お互いに捕食する事も被食される事も無かったので、その世界を「エディアカラの園」と呼ばれる事もあります。

しかしこのエディアカラ生物群は5・4億年前には絶滅しています。

5・4億年前頃の生物化石が、カナダのバージェス山のバージェス頁岩で発見された「バージェス化石群」や中国雲南省で発見された「チェンジャン化石群」です。いずれも奇妙な形の生物が多く、「奇妙奇天烈動物群」と呼ばれる事もあります。これら生物の特徴は、眼と硬い殻を持っている事です。生物同士の捕食や被食を伴う世界だったのです。

バージェス生物の中には五つの目を持つ「オパビニア」や背中に7対の刺を持つ「ハルキゲニア」、また最大の捕食生物「アノマロカリス」等が発見されています。アノマロカリスは大きなものでは1mもあり、この時代の最強生物だったようです。

46億年の地球の歴史の中で40億年前に生命が誕生し、生物はその後約34億年もの間、海の中でとても小さな単細胞で存在していました。

それが6億年前に真核生物から多細胞生物に進化すると、突然5・4億年前頃の1000万年の間に多種多様な生物が一気に現れたのです。そしてその中から魚類、両生類、爬虫類、そして哺乳類などに進化していきます。

第7項　ヒマラヤは昔海の底

世界最高峰の山といえばエベレスト、８８４８ｍですが、ヒマラヤ山脈は昔は海の底だったのです。

ヒマラヤでは19世紀頃からエベレスト山頂付近でアンモナイトの化石が沢山見つかっていました。そしてエベレストの頂上辺りの地層が、動物の死骸が積み重なってできる石灰岩層である事や、またその地層の中から海底に生息するウミユリや三葉虫の化石が発見されました。三葉虫やアンモナイトは２・５億年前の古生代のペルム紀末に絶滅していますので、それ以前ヒマラヤ山脈は海底だった事が分かったのです。

３億年前地球は一つの大陸にまとまっていました。パンゲア超大陸です。そして北がローラシア大陸で南がゴンドワナ大陸です。やがて大陸は分裂し離れていきます。そしてインド大陸も１・５億年前にはゴンドワナ大陸と分かれて離れていくのです。

ゴンドワナ大陸と分かれたインド亜大陸は７０００万年前頃から北上していきます。そして５０００万年前頃にインド大陸の北西部の方からユーラシア大陸と衝突し、やがて東部も衝突し、それまで間に挟まれていたテチス海が消滅します。やがて海底は徐々に持ち上げられてヒマラヤ山脈を形成していきます。インド大陸は７０００万年をかけて、６０００㎞もの距離を、北上を続け移動しましたが、どれくらいの速さだったのでしょうか。

単純に計算すると1年で平均９㎝ほど移動すると６０００㎞を移動できますが、インド大陸がユーラシア大陸と衝突する前と後では速度が違ってくると思うので、衝突前は年平均15㎝、衝突してからは同５㎝くらいだったのでしょうか。

それからヒマラヤの隆起速度ですが、５０００万年かけて８０００ｍの高さになるには1年で、平均1・６㎜でこれくらいの高さになります。実際には２０００万年前頃に３０００ｍの高さ、１０００万年前には６０００ｍの高さ、そして３００万年前には８０００ｍの高さに達していたようです。今でもインド大陸は北東方向に毎年17㎜ほど移動しています。エベレストも毎年数ミリは隆起していますが、頂上は削られたり、風化もするのでこれからもどんどん高くなることはなさそうです。

それにしても世界一高い山の頂上が海の底だったり、インド大陸が６０００㎞も移動してきたというのは本当に地球のダイナミズムを感じますね。

第8項　ダイヤモンドの起源

地球の全鉱物4200種類の中で一番硬いのはダイヤモンドです。他のあらゆるものを削ることができても、他のあらゆる物で削ることができないのです。

ダイヤモンドは炭素だけでできています。炭素だけでできているものは他にもあります。グラファイトもその一つで、鉛筆にも使われていますが、人の爪よりも柔らかい鉱物です。

ダイヤモンドが硬いのは炭素原子の結びつきです。各炭素原子が周囲四つの炭素原子と密接に三次元的に結合しています。

ダイヤモンド鉱山は世界各地にありますが、特にオーストラリア、コンゴ、ロシア、ボツワナ、南アフリカが5大産地として知られています。

ダイヤモンドは火山岩に含まれています。その火山岩から太古のマグマが固まったものである事が判明し、そのマグマは10億年前から2200万年前まで7回にわたって噴出した事がわかっています。中でも最も多くのダイヤモンドを含むマグマが噴出したのはおよそ1億年前の事です。

それではダイヤモンドはどのようにしてできたのでしょうか。

一つ目の条件は超高温、超高圧でないとできないという事です。

人工ダイヤモンドを作る実験では１９５０年に５万気圧、１４００℃という条件で合成に成功したそうです。地球では深さ１５０㎞より深い上部マントルがその条件に当てはまります。

そして二つ目の条件は超高速のマグマの噴火です。その時のマグマの噴火で固まった火山岩がキンバーライトでその時のマグマがキンバーライトマグマです。キンバーライトとはダイヤモンドを含む火山岩が最初に発見された地名に由来します。


もし音速を超える超高速で噴火しなければ、ダイヤモンドにはならなくてグラファイト（黒鉛）に変化してしまうのです。

ダイヤモンドは地下１５０㎞より深い上部マントルで誕生し、超高速のキンバーライトマグマで噴出した事で、地球上に届けられるのですね。

尤も私のところには全く届かないので今のところ縁はなさそうです。

第9項　日本列島誕生

日本列島に恐竜が栄えていたのは、ジュラ紀、白亜紀の頃です。日本列島は元々ユーラシア大陸の一部だったのです。ですから日本で発見される恐竜の化石はその頃に活動していたと考えられます。

日本列島は約2000万年前頃から徐々に、ユーラシア大陸の縁辺部が東方に引き裂かれるように大陸地盤から離れていきます。

大陸の縁辺部が引き裂かれる原因としては、大陸の裂け目の部分の地下からアセノスフェアという高温で軟らかいマントルが上昇し、その為に東側の海溝が大陸プレートの拡大によって位置が東にずれたのではないかという説があります。

そして1500万年前頃から北の裂け目の部分から海水が入り、日本海が拡大していきます。その後、日本列島はそれまで一直線だったのが、南半分は時計回りに、北半分が反時計回りに移動するようになって、今の「く」の字を反転したような形になっていきます。

500万年前頃には日本海の拡大も終了し、やがて300万年前頃には南方の大陸とくっついていた北九州の部分も分離して、独立した日本列島が出来上がっていきました。

大陸というのは今でもプレートに乗って動いています。プレートが生まれるのが海嶺で、プレートが沈み込むのが、海溝です。このプレートの動きがプレートテクトニクスです。日本は主に四つのプレートに挟まれています。まず東側には地球最大の海洋プレートである太平洋プレートがあって、日本海溝に沈み込んでいます。西南方向にはフィリピン海プレートが、南海トラフ、琉球海溝に沈み込んでいます。日本海側ではユーラシアプレートが沈み込んでいます。東北、北海道より北側には北米プレートがあります。

日本列島には４枚のプレートが重なりあって、３枚のプレートが沈み込んでいるのです。プレートが沈み込むと地下でマグマが形成され、噴火して火山を作ったりします。

日本列島は海溝に挟まれ、３枚のプレートが沈み込んでいるので、「板没する国」と呼ばれることもあります。

日本列島は火山も多く、海溝に沿って地震もよくあるので、地球のダイナミズムを感じさせてくれます。

第10項　未来の超大陸

地球の大陸は今でも年に数センチほどの速度で移動しています。プレートテクトニクスといって地球は十数枚のプレートで覆われていますが、そのプレートが動いているのです。

地球の歴史の中で、大陸は一つの超大陸になった事が、大きく見ると過去に3回ほどあります。

今から19億年前に超大陸「ヌーナ」が出現し、最古の超大陸と言われています。その後一旦分裂し、次に集合してできたのが、超大陸「ロディニア」です。約9億年前の事です。そしてまた分裂し、今度は3億年前になると超大陸「パンゲア」が出現し、北半分が「ローラシア」、南半分が「ゴンドワナ」の二つの超大陸が合わさったものになりました。

大陸は地球の歴史の中で、大体4億〜5億年の周期で離合、集散を繰り返しています。現在は離合している時期ですが、これから集散していく方向に転じていく時期になるのではと見られています。

現在アフリカ大陸は年８㎝の速度で北方に向かっています。このままでいくと地中海と大西洋の入口のジブラルタル海峡が閉じてしまう事になり、地中海は干上がっていくでしょう。

５０００万年後にはアフリカ大陸はヨーロッパ大陸と合体し、地中海、黒海、カスピ海は消滅し、塩分の多い、不毛の地となっていくでしょう。更には陸地を押し上げてアルプスとヒマラヤにかけて巨大山脈が形成されるでしょう。

その頃にはユーラシア大陸の東側にある樺太、千島列島、日本列島、琉球諸島、台湾などは殆どユーラシア大陸に合体しています。

そして1億５０００万年後には南極大陸とオーストラリア大陸が合体し、その後インドシナ半島に衝突します。

また、大西洋も縮小していきます。大西洋の真ん中には大西洋中央海嶺がありますが、この海嶺がその頃には消滅し、大西洋が縮小に向かうと予測されています。

今から2億～3億年後には、パンゲア超大陸以来、４億年ぶりの新しい超大陸が出現している可能性があります。

もし、その頃まで、人類が生存していれば、一つになった大陸に、一つの平和な世界が広がっているのを願うばかりです。

第8章

生命の物語　其の1

第1項　生命とは何か

地球に生命が誕生したのは今からおよそ40億年前と考えられます。そしてその後約30億年は海洋の中で生存していました。

その頃の地球には太陽の強い紫外線が照りつけていたので、生命は地上での生存はできなかったでしょう。

そして今から十数億年前に真核生物が現れ、6億年前に多細胞生物に進化し、生物が地上に進出するのはおよそ5億年前くらいでしょうか。

現在は地球には驚くほど多様な生物が生存しています。しかし各々の祖先をたどっていくと、たった一度の生命の誕生、即ち共通祖先に結びついていくというのはとても不思議な思いにかられます。

それでは生命とはどのようなものなのでしょうか。いろいろな定義がありますが、基本的には①自己複製と②代謝を行う事ができるのが生命の条件と言えるのではないでしょうか。

要は「コピー」と「メンテナンス」です。

「代謝」というのは生命が外部から必要な物を取り込んで、自身の生存に必要なものを作り出し、維持していく事です。

自己複製ならコピー機でもできますが、自分でメンテナンスができなければ、いつかは壊れてしまいます。またメンテナンスだけできても、自己複製ができなければ、長期間生存する事はできなくていつかは途絶えてしまいます。

従って、生命がずっと生存を維持していくためには、この「自己複製」と「代謝」が充分、且つ必要条件なのです。

生命の条件として更には外部との壁が必要だという説もあります。

ウイルスは膜を持たないので生物とはみなされない事があります。更に自己複製はするのですが、代謝は行わないのです。そしてウイルスはＤＮＡを持たず、ＲＮＡしかないために変異が容易にできるという特徴もあります。

第2項　生命の誕生

西オーストラリアで35億年前の岩石の中から微生物の化石が発見されました。その近くにはストロマトライトという岩石が見つかり、それがシアノバクテリアの死骸で形成される岩石であって今も見る事ができます。

この微生物が地球最古の生命、シアノバクテリアではないかと考えられています。しかし最古の生命が化石として残るのは極めて考え難いので、実際の最古の生命はそれよりも前の40億年前くらいまで遡るのではないかと考えます。

それでは地球最古の生命とはどのようなものだったのでしょうか。

私たちは普通に、外部から酸素や栄養素を取り込んで、エネルギーに変えて、いらなくなったものを老廃物として、外に排出する事で生命を維持しています。しかし最初の生命が誕生する頃は酸素もなければ、栄養の素になる有機物も外部に求める事はできません。

という事は私たちの共通祖先である最初の生命とは酸素を必要としない、①嫌気性であって、且つ自分で無機物からエネルギーの素の栄養を作り出す事のできる、②独立栄養性である事が求められます。更に初期の地球には生命にとって有害な紫外線が降り注いでいる為、生存は難しく、エネルギーを光合成ではなく、③化学合成に依存するしかなかったと考えられています。

この三つの必要条件を満たす環境とは海中でマグマが噴出している熱水噴出孔が考えられます。熱水噴出孔からは硫化水素、メタン、二酸化炭素などが噴出しています。

ここでは光も酸素も無く、自分自身で化学合成によって栄養を作り出すしかありません。地球最古の生命はこの辺りで誕生したのではないでしょうか。今から凡そ40億年前のことです。

その後同じ原核生物のシアノバクテリアが登場し、二酸化炭素を取り入れて酸素を作り出し、他の生命を駆逐していきます。やがてシアノバクテリアの天下となり、地球に酸素を大量に放出するようになります。

そして海中では鉄イオンと結びつき、酸化鉄となり、縞状鉄鉱層を作り、やがて地上にも大量に放出し、オゾン層を作り上げてきたのです。

現在の生物が地上で紫外線の脅威から守られて、安心して住む事ができるのは言わばシアノバクテリアのお陰かもしれませんね。

第3項　真核生物の誕生

地球上には現在驚くほど多種多様な生物がいますが、これら全ての祖先を遡っていくと、たった一つの共通祖先に辿り着くと言われています。

たった一度の生命の誕生から40億年をかけて爆発的と言って良いほど、多種多様な生物が誕生しています。

さて、地球上にいる生命は2種類の細胞に分けられます。原核細胞と、真核細胞です。

生命は全て遺伝情報のDNAやRNAを持っていますが、その遺伝情報を包む核を持つのが真核細胞で、持たないのが原核細胞です。

私たち、動物や植物、そして単細胞のゾウリムシやミドリムシ（ユーグレナ）は真核細胞でできている真核生物です。

シアノバクテリア、大腸菌やメタン菌は原核細胞の原核生物です。

地球上に最初に現れた生命は原核細胞です。それから約20億年は海の浅瀬で、原核細胞のシアノバクテリアが、太陽光線と二酸化炭素を栄養源として取り込み、いらなくなった酸素を黙々と海中や地上に供給し続けていたのです。

やがて今から約20億年前頃になると、原核細胞から真核細胞が現れます。遺伝情報を核で包み込むようになるのです。

そして真核細胞は細胞小器官のミトコンドリアやゴルジ体、葉緑体を取り込んでいきます。

更に真核細胞の大きな特徴である有性生殖を行うようになります。

生命にとって自己複製する時に二つの違った個体を持つのは大変非効率ではありますが、環境変化への対応力となる有性生殖を獲得したのは大きな優位性を持つことになります。

こうして真核細胞は多くの器官を持つ事で、機能が飛躍的に向上し、更に有性生殖によって環境変化への対応力を発達させる事ができるようになります。

そうして10億年かけてやがて真核生物は単細胞から多細胞へと生命にとって画期的な大型化への進化を遂げていくのです。

第4項　エディアカラ生物

オーストラリア南部にエディアカラ丘陵と呼ばれるところがあります。

１９４６年、この丘陵で軟体性の海洋生物の化石群が発見されました。その後の調査でこの地層がカンブリア紀以前のもので６・４億〜５・４億年前だと判明しエディアカラ紀と呼ばれる事もあります。

発見された生物はこの丘陵の名前から「エディアカラ生物群」と呼ばれています。

真核細胞から多細胞生物には恐らく10億年前あたりから進化が進んでいたと思いますが、多細胞生物の化石として見つかったのはこれが最古です。

40億年前に生命が誕生し、その後20億年ほどは、原核生物のシアノバクテリアの時代が続き、やがて真核生物が現れると、10億年ほど前から多細胞化が進んでいったと思われます。

エディアカラ生物群が発見される前後は地球環境が激変しています。7億年前にスターチアン氷河時代、そして６・３億年前にはマリノアン氷河時代がありました。

氷河時代が終わった後には気温が一気にマイナス50℃からプラス50℃にもなるという急激な変化がありました。

真核生物も単細胞だったのが、ＤＮＡに大きな影響があったようです。

真核生物が共生や有性生殖によって多細胞化が進み、大型化しエディアカラ生物群のような多細胞生物が現れたのです。

エディアカラ生物群の大きさは数センチ～数十センチ、中には１ｍにもなるようなものもいたようです。殻も持たず、足もなく、眼も歯もなくて動物とも植物とも分類は定まっていません。

一部の生物は移動しながら海底のバクテリアなどを食べていたようです。捕食する事もされる事もなかったので、この時代を「エディアカラの園」と呼ばれることもあります。

やがてカンブリア紀になると眼や殻を持った動物が現れ、エディアカラ生物は捕食の対象となり絶滅していきました。

第5項　カンブリア爆発

カナダのロッキー山脈のバージェス山に見られるバージェス頁岩は、5億1500万年前は海の底だったと考えられています。そして20世紀初頭にその頃に生息していた動物化石が大量に発見されました。それらの動物をバージェス頁岩動物群と呼んでいます。

20世紀後半には中国雲南省澄江《チェンジャン》でも同じような化石が多数発見されました。これはバージェス頁岩化石群よりも1000万年ほど古いものだといわれます。

いずれの化石からも奇妙な形状の動物のようなものが多く見られました。その中のいくつかを紹介しますと、まずアノマロカリスがあげられます。

アノマロカリスは奇妙なえびという意味で名付けられていますが、大きさは1m以上のものもいて当時、最大、最強の生物だったようです。

またオパビニアは五つの目を持ち、象の鼻のようなノズルを持っていますが、体長は7cmほどです。

そしてピカイアは脊索を持つ動物で、全長4cmほどで、他に脊索動物は澄江で見つかったミロクンミンギアがいます。全長2・6cmで最古の魚類といわれます。

他にも背中に7対の棘状の突起を持つハルキゲニア（全長3cm）や、14本ほどの棘を生やしたウィワクシア（全長５㎝）などの化石が発見されています。

このような生物は分類のできない奇妙奇天烈動物群と呼ばれていましたが、その後の調査で殆どは現生動物と共通する特徴を持っており、奇妙な形をしていますが、現生動物の祖先に近い動物と考えられています。

そしてこの時期に突然現在と同じ数の動物グループが多種多様に出現しています。この大きな出来事を「カンブリア爆発」と呼んでいます。今から約５・４億年前頃の事です。

第6項　眼の誕生

5・4億年前のカンブリア紀に生物の種が爆発的に増えたのですが、その期間は僅か1000万年ほどの間だったようです。

生物の種が増えたきっかけは恐らく生物同士の、食うか食われるか、所謂、捕食、被食の関係が出てきた事でしょう。

エディアカラ生物群の化石からは捕食の痕は見られませんが、カンブリア紀の生物化石から捕食の痕が多く見つかっています。

軟体性の生物が捕食者に狙われるようになると、捕食に対抗するために炭酸塩やリン酸塩を体内に取り込んで硬組織の殻を身につけるようになります。

そこで捕食者は捕食の精度を上げるために、また被食者は捕食者からいち早く逃れるために眼を持つようになったのです。

その結果、生物の間では生存競争は激しさを増し、捕食者は強力な歯や早く捕らえることができるような足やヒレを獲得していきます。また被食される方は防御に役立つ殻や棘、また素早く逃げる為の足やヒレを獲得し、生物の種類を増やしていったのです。

生命の歴史の中で、眼の誕生こそが進化の画期的な役割を果たしてきたのは間違いないのではないでしょうか。

眼の進化については、初めは明るさだけを頼りに認識し、食べ物を探し、他の生物の動きを探知する程度だったのでしょうか。やがて眼の認識能力の差によって、生存の優劣に差ができるようになると、機能が進化していったと考えられます。

現在、私たち人間は色彩を見分けることができますが、ヒト以外の哺乳類は色の区別がつきません。犬や猫、馬や牛も白黒の世界です。

哺乳類以外の動物は色彩の区別は得意です。昆虫や魚類、両生類や鳥類も色彩の世界です。

哺乳類はジュラ紀、白亜紀の恐竜が栄えた時代に夜行性の生活を1億年以上も続けていました。そうすると体の中で使わなくなった機能が退化していったのです。その為に色の識別ができなくなりました。やがて６５００万年前に恐竜が絶滅すると、哺乳類が昼行性となり、大型化し、繁栄していきます。

その後、哺乳類は色の識別は退化したままだったのですが、霊長類の中で真猿類は森林生活の中で被子植物の果実を食べるようになります。果実は食べ頃になると色が変化します。その果実を求める為に色の識別が必要になってきたのです。哺乳類の真猿類だけが必要に迫られて色の識別ができるようになったのですね。

第7項　三葉虫の時代

三葉虫の化石は現在1万数千種も見つかっており、「化石の王様」と呼ばれる古生物です。三葉虫はカンブリア紀に生まれてオルドビス紀に大繁栄し、ペルム紀末の大絶滅まで3億年にわたり古生代を通じて生存していました。

三葉虫という名前の由来は真上から見た時の殻が左、中、右と三枚に見えるところから名づけられました。

多細胞生物は6億年前から現れ、大型化していきますが、初期の頃は軟体生物が種を増やしていきました。やがて生物同士の捕食、被食が始まると敵から逃れる為に目を持つようになり、硬い殻や棘で防御するようになって、急激に種を増やして進化し、カンブリア爆発に繋がっていきます。

カンブリア紀に現れた生物の中では節足動物が最初に繁栄します。節足動物の祖先として「アイシュアイア」の化石がバージェス頁岩から発見されています。このアイシュアイアには眼が無かったようですが、やがて眼を持ち、硬い殻を身につけたオパビニアやアノマロカリス類が現れるのです。

アノマロカリスはカンブリア紀の生態系の頂点に立っていたようです。

カンブリア紀には三葉虫も現れますが、その頃は平面な形をしていたようです。オルドビス紀にかけては角や棘を持つようになり、構造は立体化していきます。そして優れた環境適応能力によって拡散し繁栄していったのです。

オルドビス紀末には5大絶滅の一つと言われる寒冷化の大きな環境変動を受けて三葉虫も大きく種を減らしていったようです。

シルル紀になると大型の節足動物、ウミサソリが現れます。大きなものだと2m前後もあり、遊泳用のオールのようなヒレを持ち、シルル紀の覇者だったようです。

三葉虫がカンブリア紀以降、食うか、食われるかの時代に長期にわたって生存できたのは強固な外骨格と、高い防衛能力を持っていて環境適応能力が高かったからだと言えるでしょう。

石炭紀の頃に三葉虫から進化したカブトガニが、現在でも日本を含め東南アジアや北米でも生息していて「生きている化石」と呼ばれています。

岡山県笠岡市にはカブトガニ博物館があって、生きているカブトガニを間近に観察することもできます。

第8項　植物の上陸

6億年前の地上には、まるで今の月や火星のように何も無く、無味乾燥な世界でした。今では陸地は植物の緑や、人工物の建物群やカラフルな照明に彩られていますが、このような世界は宇宙でも地球以外に見つける事はできるでしょうか。

さて最初に上陸した植物は4・7億年前のオルドビス紀の頃だと考えられています。オマーンでクックソニアの化石が発見されました。

光合成を行う植物にとって二酸化炭素と光は必須です。

カンブリア紀になるとシアノバクテリアの光合成によって海中の二酸化炭素は減っていきます。そして酸素は海中から陸上に増え続け、やがて成層圏に達するとオゾン層を作り地上に降り注ぐ紫外線を防ぐようになります。

そうすると植物にとって光は地上の方が得やすく、二酸化炭素も海中より地上の方が豊富です。ですから植物にとっては海中から地上に進出するのは必然だったのですね。しかし植物が地上に進出するのに障害になったのは乾燥と重力です。

原生の植物にはリグニンという物質が多く含まれています。このリグニンという物質が水分の蒸発を抑え、且つ細胞壁全体の強度を増すのに役立ったのです。植物は地上に進出する際にこのリグニンという物質を獲得していったのです。

現在植物の種は全部でも30万種程だそうです。分類するとコケ植物が約７％、シダ植物が４％、そして種子植物が89％です。

種子植物の中では裸子植物が１％で99％は被子植物です。オルドビス紀に上陸した植物は初めコケ植物が繁栄していましたが、４・４億年前のシルル紀になると維管束を持つシダ植物が現れ胞子体を大きくする事でコケ植物を凌駕していきます。

デボン紀から石炭紀の４億年前頃にかけてシダ植物が大繁殖し、植物遺体はまだ腐朽菌もいなかったので石炭として蓄積されました。

最初の種子植物は裸子植物です。デボン紀末、３・７億年前頃あたりから現れます。石炭紀に森林を形成した巨大なシダ植物に代わってペルム紀には裸子植物が繁栄します。そして裸子植物から被子植物に派生しますが、白亜紀初期の１・４億年前からです。

やがて裸子植物は徐々に衰退し、被子植物に取って代わられるのですが、白亜紀末の大絶滅の時代から顕著になり、やがて被子植物が植物の中でも圧倒的な存在になったのです。

第9項　魚の時代

カンブリア紀以降、古生代前半は三葉虫やアノマロカリス、ウミサソリ等の節足動物が主に海の世界の主役として活動していました。

古生代後半、シルル紀になると節足動物に代わり脊椎動物が台頭してきます。脊索動物のピカイアやハイコウエラから派生したもので、最古のものはミクロンミンギアで、５・２億年前のチェンジャン化石から発見されています。

デボン紀以前の魚は顎を持たないヤツメウナギなどの円口類がいましたが、デボン紀に入り顎を持つようになります。

魚類が節足動物に取って代わるようになったのは魚が顎を持ち、巨大化し、遊泳性が優れていたからではないでしょうか。

魚が顎を持つようになると、防御のために頭部と体の前半分に鎧で覆われた甲冑魚と呼ばれる板皮魚類が現れます。中でもダンクルオステウスは大きなもので７ｍもあったようです。

その後、板皮魚類の中から軟骨魚類が現れ、やがて板皮魚類は衰退していき、デボン紀末には姿を消します。

そして軟骨魚類でサメの仲間クラドセラケが現れ海洋生態系の頂点に君臨します。クラドセラケは口が頭部先端にあります。

現在と変わらないサメの登場は中生代白亜紀まで待つ事になります。サメがその後の過当競争にも負けず、絶滅にも耐えて生き残っているというのは環境の変化に適応できる能力を持った最強の動物で進化の最終系なのかもしれないですね。

デボン紀に魚が顎を持つようになったということはその後に進化した陸上脊椎動物の顎もこの時に生まれたという事ですね。

第10項　動物の上陸

4・2億年前からのデボン紀は魚の時代と言われ、色んな種類の魚が繁栄しました。甲冑魚と呼ばれるダンクルオステウスを含む皮魚類など、この時代に現れましたが、デボン紀の終わりには姿を消しています。

やがて魚が繁殖すると魚類の生活圏も広がり、淡水系の湖沼や河川などにも進出していきます。そのような中から浅瀬でも活動できるようにヒレに筋肉を持つような魚が現れます。

肉鰭類のユーステノプテロンは胸ビレ、腹ビレの付け根に3本の骨があり、これが四足動物の上腕骨に繋がっていったと考えられます。

そしてこの肉鰭類の中から、魚から四足動物への進化の途中と言える特徴を持った両生類のアカントステガが現れます。

アカントステガには手足の指のような骨があり、水面に身体を持ち上げて肺呼吸をしていたようです。しかし手足の指の骨は薄く陸上では体を支える事はできなかったようです。

その後同じく両生類のイクチオステガが現れます。イクチオステガの手足にはしっかりとした骨格、そして指の骨があり、やがて首や肩も獲得し陸上を歩き回る事ができるようになりました。

脊椎動物が陸上に進出したのはデボン紀の後半４億年前頃からですが、では何故魚はそれまでの水中生活から陸上に生活圏を求めていったのでしょうか。

一つにはデボン紀には魚類が繁殖し、特に水深の浅く温かい所は窮屈になってきた事が挙げられます。

二つ目は捕食者に追われて浅瀬に逃げ込んで来たと考えられます。当時肉鰭類のユーステノプテロンよりも大きくて獰猛な魚が沢山いたようです。

三つ目は陸上にはすでに植物が上陸し、昆虫や小動物も沢山いて、食料は豊富にありました。上空にはオゾン層も形成され、紫外線の恐れも少なく、天敵となる動物もいなくて住む環境としては申し分なかったようです。

こうして陸上に両生類が進出し、やがてその中から爬虫類が現れ、更に私たちの祖先に繋がる哺乳類が誕生していくのです。

第9章

生命の物語　其の2

第11項　大森林の時代
第12項　昆虫の時代
第13項　両生類から爬虫類へ
第14項　鳥類の進化
第15項　恐竜の時代
第16項　大量絶滅
第17項　哺乳類の時代
第18項　霊長類の出現
第19項　ヒトの登場
第20項　出アフリカ

第11項　大森林の時代

3億年前の石炭紀あたりから地球上には超大陸パンゲアが形成されます。そして地上は二酸化炭素濃度が低下していき、地表の温度が下がり、巨大な氷河が発達していきました。氷河に水分が吸収され、その結果、海水面が大きく低下し、各地に広大な湿地が現れます。陸上に進出していた植物が、各地に広がった湿地帯に繁殖し、石炭紀には大森林が出来上がっていったのです。

植物は進化の順でいくと、コケ植物、シダ植物、裸子植物、被子植物の順です。その内コケ植物とシダ植物が胞子植物です。

シダ植物からが維管束植物で、茎、葉、根の体制で大型化が可能になります。シダ植物はデボン紀に維管束機能を持つようになり、石炭紀には肥大成長し大きな樹木になりました。シダ植物のリンボク類は樹高30ｍもの巨木となり、群生します。鱗木《リンボク》とは樹皮が魚の鱗のようなので鱗木と名付けられています。

石炭紀は二酸化炭素濃度が低かったために、シダ植物は葉を大きくして光合成を効率的に行うようになり、木の成長に繋がったようです。

森林の生育空間が広がり、シダ植物も多様化していき、胞子で繁殖する植物の中から種子を持つ植物が現れます。そして裸子植物から被子植物に繋がっていきます。今では陸上植物の約89％が被子植物です。

その後、パンゲア超大陸ができた事で、水分が内陸まで届かなくなり、地上は急速に乾燥化していきます。すると湿地帯に繁殖していたシダ植物の大森林も徐々に姿を消していったのです。

残された植物遺体は、当時は腐朽菌が存在していなかったので分解される事なく、石炭として堆積していきました。

二酸化炭素が有機物として固定化し急激に減少した為、石炭紀後半には温室効果が弱まって寒冷化が進みます。３億年前のペルム紀になると寒冷化と乾燥化が進み、巨大な大森林を形成していたシダ植物は絶滅していく種も現れ、種子の特性を生かした種子植物が繁栄していきます。

裸子植物は裸子が胚を保護するだけでなく、休眠ができるので、発芽と生育に適した環境条件が訪れるのを待つことができます。

しかし裸子植物も白亜紀末の大絶滅の時に多くの種が絶滅に追いやられ、その後の地球の寒冷化、そして乾燥化が進むにつれて被子植物に取って代わられるようになりました。

第12項　昆虫の時代

今から3・6億年前石炭紀、大森林の時代に共に栄えたのが昆虫で、徐々に種を増やしていきました。

植物の繁殖とともに光合成によって酸素が増えていき、その頃の酸素濃度は30%にもなったようです（現在は21%）。その為大型の昆虫も現れ、メガネウラといったトンボの仲間は翅を広げた大きさが60㎝にもなったそうです。

昆虫の化石は小さくて残りにくいのですが、最古の化石は4・2億年前のデボン紀初期のもので、シミ類の化石が発見されています。

昆虫の祖先を辿っていくと、4・4億年前シルル紀にいた多くの体節を持った小さな動物だったと考えられます。

そして各体節には1対ずつの足を持っていたようです。体は頭部、胸部、腹部と三つの構造に分かれていきます。頭部の一番先頭の1対の足が触覚になり、複眼を持つようになります。胸部は3節からなり各節に1対の足を持ち、6本の足になります。

やがて胸部の中胸と後胸に各1対の翅を持つようになり、この6本の足と、4枚の翅が昆虫の大きな特徴です。

昆虫の翅は、鳥類のように手や腕が変化したものではなくてエラが翅の起源になったと考えられています。

元々昆虫は水中で暮らしていたので、エラを動かす事で、気管に多くの酸素を取り込む事ができました。それは同時に素早い動きにも繋がります。そしてエラを段々と大きくする事で、翅になったのではないかと考えられます。

３億年前のペルム紀になると昆虫は完全変態の仕組みを獲得していきます。甲虫類など、幼虫からさなぎという状態を経て翅を持つ成虫へと変化します。現在では昆虫全体の９割までが完全変態をしています。

完全変態をする事で、幼虫と成虫の食べ物の違いや生活空間が異なり、環境変化にも対応し、種の分散、そして進化にも繋がっていったのです。

１・５億年前の白亜紀には被子植物が誕生し、花が生まれます。植物は昆虫を利用するようになり、効率良く繁殖を増やしていき、昆虫たちや鳥類、蜂類も種を増やしていきました。

第13項　両生類から爬虫類へ

脊椎動物が水中から陸上に進出したのはデボン紀後半、凡そ今から3億9000万年前頃からです。

地上に進出した初期の脊椎動物は、四足歩行にヒレを使っていましたが、やがて肺呼吸を獲得し、ヒレも指や腕に変わっていきました。そして3億7000万年前にはアカントステガやイクチオステガのような両生類が現れます。

両生類にとっては地上には広大な生活空間があり、エサとなる小動物や昆虫も多く、天敵もいないので石炭紀には大繁栄していきました。

しかし両生類の卵は水中でないと乾涸びてしまいます。そこで両生類の中から卵を乾燥から守る為に、卵殻を持ち、卵の中に羊膜を作る事で、陸上で産卵できる爬虫類が3億年前の石炭紀末あたりから現れます。

陸上で産卵する事ができると水辺から離れて自由に動き回る事ができるようになり、爬虫類が陸上の支配者になっていきます。

古生代、3億年前の石炭紀に地球の大陸は一つになり、超大陸パンゲアが形成されます。そしてその超大陸パンゲアで地上の覇権争いが三つの動物群で競われます。

一つ目のグループは単弓類で、３億１０００万年前の石炭紀に両生類から派生し、後の哺乳類の祖先になります。

単弓類の「エクサエレトドン」は全長１・５ｍほどの雑食性の動物で、中生代初期の地上の支配者です。

しかし単弓類はペルム紀末の大量絶滅は乗り越えたのですが、三畳紀中期には衰退が始まり、ジュラ紀以降に多くは絶滅し、生き残った哺乳類の祖先も小型化し、夜行性となって生き延びるのです。

二つ目のグループは「クルロタシ類」と呼ばれる爬虫類で現生ワニ類の祖先が含まれます。「クルロタシ類」の「サウロスクス」が大型化し、全長５ｍにもなり、当時の地上の生態系の支配者になりました。

そして三つ目のグループがやがて空前の繁栄を見せる爬虫類の恐竜類です。ジュラ紀から白亜紀にかけて恐竜の世界が続きます。

第14項　鳥類の進化

空を自由に飛ぶ鳥類の祖先は始祖鳥と言われています。

1860年ドイツのミュンヘン郊外で最古の鳥類の化石が見つかりました。今から1億5000万年前のジュラ紀後期の地層から発見されました。

かぎ爪など爬虫類の特徴と、羽毛など鳥類の特徴を併せ持った、爬虫類と鳥類を繋ぐ脊椎動物として「始祖鳥」と名付けられました。

始祖鳥は獣脚類に含まれ恐竜から鳥類が進化していったと考えられています。

地球の歴史で初めて空を飛んだ脊椎動物と考えられていましたが、実は鳥類の前に空を飛んだ脊椎動物がいたのです。

2億2000万年前の三畳紀に爬虫類から進化した翼竜類です。翼竜類には二つのグループがあります。

一つは小型で長い尾を持つ「ランフォリンクス類」と、もう一つは大型で翼の長い「プテロダクティルス類」です。

ランフォリンクス類は2億年前のジュラ紀の初め、プテロダクティルス類は1億6000万年前のジュラ紀末から白亜紀にかけて栄えました。

プテロダクティルス類のプテラノドンは大型で、翼を広げると7mにもなりますが、体重は20kg未満で、少しの風でも浮き上がる事ができて空を滑空していたようです。

翼竜類はペルム紀末の大絶滅で恐竜と共に絶滅しました。

翼竜類と鳥類の違いは翼です。翼竜の翼は第4指から繋がった膜のようなものですが、鳥の翼は何枚もの羽です。そして白亜紀にかけては翼竜に代わって鳥類が空の生活圏を支配していったようです。

鳥類の特徴は、一つは骨が中空で軽くできている事、そして二つ目は手の第1指が上の方の位置について樹上生活に適しているなどです。鳥類は現在でも1万種を超えるグループとして繁栄しています。

6500万年前の白亜紀末の大絶滅で、1億年以上も繁栄していた恐竜が絶滅しましたが、鳥類はその恐竜の生き残りとも言われています。

第15項　恐竜の時代

今から2億5000万年前、古生代から中生代にかけて地球史上の絶滅ビッグファイブの一つ、ペルム紀末の大絶滅で生物の90％以上が絶滅するという大変な事件がありました。絶滅率では史上最高で、ペルム紀のPermianと三畳紀のTriassicの頭文字をとってP／T境界絶滅事件と呼ばれています。

この時に三葉虫やウミユリなど多くの海洋生物や陸上生物が絶滅しています。その後、中生代に入り、新たな生物群が現れます。ペルム紀に両生類から派生した爬虫類が、ペルム紀末の大絶滅を乗り越えて繁栄していくのです。

中生代は恐竜の時代と言われますが、すぐに恐竜が地球上を支配していったわけではありません。三畳紀に入り最初の覇者となったのは爬虫類の中でも主竜類の一つ、ワニ類の祖先にもなるクルロタシ類です。クルロタシ類の「サウロスクス」は全長5ｍにもなり、当時は恐竜類の2倍以上の大きさがあり、肉食系で当時の生態系の頂点に君臨していたようです。しかし三畳紀末にクルロタシ類の多くは絶滅していきます。そしてジュラ紀以降は恐竜類が陸上の生態系の主役になっていきます。恐竜の特徴は一言で言うと「直立歩行する陸上の爬虫類」です。ワニ類など他の爬虫類の足は胴体から側方に伸びていますが、恐竜類の足は胴体から真っ直ぐ下に伸びています。

恐竜とは爬虫類の中の竜盤類と鳥盤類の二つのグループの事を指します。両者の違いは、竜盤類は恥骨と座骨が直角なのに対して、鳥盤類ではこれが平行になっています。そして竜盤類は獣脚類と竜脚類に分けられます。恐竜類の中でもこの竜盤類の獣脚類だけが肉食系で、他は全て草食系なのです。鳥盤類の恐竜には、ステゴサウルス、トリケラトプス、イグアノドン等がいます。ステゴサウルスは全長9mにもなります。

竜盤類では、竜脚類のディプロドクスやブラキオサウルスは全長20m、体重数十トン、そしてアルゼンチノサウルスやパラリティタンは全長30m、体重は100トン近くにもなったようです。竜盤類では獣脚類のコエロフィシスは全長2・5mほどでしたが、アロサウルスは10m、そしてティラノサウルスは全長15mにもなりました。

恐竜の大きさは中生代に段々と大きくなっていったようです。三畳紀には竜盤類のエオラプトルは全長1mほどですが、ジュラ紀になるとディプロドクスは全長20m以上、体重10トン、白亜紀になるとアルゼンチノサウルスは全長30m、体重は100トンにもなったようです。

そのころの地球上は、一つの超大陸パンゲアがありましたが、ジュラ紀から白亜紀にかけて分裂が始まり、北の方はローラシア大陸、南方はゴンドワナ大陸と分かれていき、徐々に現在の大陸の姿になっていきました。

そしてそれに伴って恐竜も世界各地に分散していったようです。

第16項　大量絶滅

今から凡そ5億4000万年前のカンブリア大爆発で多種多様な生物が出現して以来、生物は5回ほどの大量絶滅の危機がありました。これを5大絶滅事件、ビッグファイブと呼んでいます。

第1回目は4億4000万年前オルドビス紀末、2回目は3億7000万年前のデボン紀後期、3回目は2億5000万年前、古生代から中生代にかけてペルム紀末、4回目が2億3000万年前の三畳紀末、そして5回目が6550万年前の中生代から新生代にかけての白亜紀末です。

その中でも3回目のペルム紀末の大量絶滅は絶滅率が90％以上というとんでもない大量絶滅で前項に書いています。

この時に三葉虫やウミユリの海洋生物や陸上生物も獣弓類の多くが絶滅しています。絶滅の原因としては、まだよく分かってないのですが、一つのシナリオとして大規模な火山活動が考えられています。

ペルム紀後期には地球内部のマントルで大規模なプリュームが上昇していたようです。プリュームとはマントル内部で上昇する球状の塊のことです。このプリュームが地表に到達し、各地で火山活動を引き起こし、この時期にシベリアや中国南部で大規模な噴火がありました。

その結果、大量のガスと粉塵が大気中に放出され、厚い雲を作り太陽光を遮断します。植物は光合成ができなくなり酸素が失われ食料がなくなりました。超大陸のパンゲアが分裂を始めたのもこの頃で、この時のプリュームの上昇が影響したのではないかと言われています。

5回目の大量絶滅は中生代から新生代にかけてです。ドイツ語で白亜紀のKreideと古第三紀のPaleogeneの頭文字をとってK／Pg境界絶滅事件と呼ばれます。

原因は今から6550万年前に小惑星がメキシコのユカタン半島に落下したことです。直径10㎞もの小惑星が地球に衝突し、直径120㎞ものクレーターを作りました。衝撃は凄まじく、地殻の表層は剥ぎ取られて、大量の粉塵が大気中に巻き上げられ地球上を覆い尽くし、太陽光を遮断しました。

その結果、光合成生物が激減、植物を食べていた生物、そしてそれを捕食していた大型の動物たちが絶滅したのです。

陸上の動物では25㎏という体重が生死を分ける境目だったようで、生態系の上位だったものが滅んだのです。恐竜に追いやられて小型化し、夜行性となって活動していた哺乳類は、何とか生き延びて、次の時代を迎える事ができたのです。

海洋生物では浅瀬の生き物のアンモナイト類が滅び、深海の生物オウム貝類は生き延びたのです。

第17項　哺乳類の時代

白亜紀末の大絶滅以降、新生代に入り、絶滅を免れた哺乳類が進化、繁栄していきます。

哺乳類の祖先は哺乳類型爬虫類の獣弓目で今から凡そ2億5000万年前の三畳紀に出現しています。初期の哺乳類は体長10㎝ほどの小型の動物で、昆虫食で恐竜から隠れるように夜行性だったようです。「モルガノコドン」といってネズミのように、目や耳が小さく長い尾を持つ8㎝ほどの小型の動物の化石が見つかっています。

恐竜の時代にも哺乳類は多様化し、ムササビやビーバーのような動物や体長1mほどの大型犬のような哺乳類もいたようです。しかし殆どの哺乳類も白亜紀末の絶滅で70％は恐竜と共に滅びました。陸上の生物で生死を分けた境界が25㎏の体重だったようです。そして絶滅を乗り越えた真獣類と有袋類、そして単孔類の一部が生き延びて、新生代に入り繁栄していきます。

新生代は白亜紀末から現代までです。6550万年前から2300万年前までが、古第三紀でそれ以降が新第三紀です。

古第三紀は暁新世、始新世、漸新世に分かれ、新第三紀は中新世、鮮新世、更新世そして完新世に分かれ、更新世と完新世を合わせて第四紀と呼ぶ事もあります。

暁新世には大型の草食獣が出現します。「スティリノドン」や「トロゴサス」は現生のクマに似た体型をしていたようです。肉食系では「オキシエナ」や「ヒエノドン」といった現生のキツネやオオカミに似た生態の動物だったようです。

しかし、始新世末に地球は急速に寒冷化しその時に多くの古いタイプの哺乳類が絶滅しています。

哺乳類の現生種の数は凡そ４５００種ほどです。中でも最大のグループはネズミの仲間で齧歯目、約１８００種です。次にコウモリの仲間で翼手目、約１０００種です。この二つのグループで全体の60％以上を占めています。

少ない方ではウマの仲間の奇蹄目やジュゴンの仲間で海牛目、そして長鼻目のゾウに至っては今やインドゾウとアフリカゾウの２種しかおらず絶滅の途上にあります。哺乳類でクジラは、カバやウシの仲間で偶蹄目です。

古第三紀の５０００万年前にはクジラの祖先で「パキケトゥス」は陸上を歩き、オオカミほどの大きさだったようです。パキスタンで５０００万年前の化石が発見されました。始新世の中頃には「バシロサウルス」が現れ水棲に適応していったようです。

第18項　霊長類の出現

霊長類は動物界・脊索動物門・哺乳綱・霊長目でサル目とも言われます。種の数は哺乳類が約４３００〜４６００種、真獣類がその中で約４０００種を占めます。霊長目は真獣類の中で約２２０種です。

霊長類の祖先は、中生代、白亜紀末６０００万年前頃だと見られます。５５００万年前の化石が発見されています。

哺乳類の中で霊長類の特徴は二つあります。

「前を向いた両眼」と「物をつかむことができる手足」です。前を向いた両眼は物を立体的に見ることができ、即ち獲物までの距離感、そして危険を素早く察知することができる能力につながります。

物をつかむことができる手足は揺れ動く樹上でもしっかりと枝につかまることができ、樹上生活に慣れていきました。初期霊長類にはプルガトリウスという見かけはネズミに似た小さな動物がいます。

新生代古第三紀、始新世５０００万年前頃に原猿類が現れます。キツネザルやメガネザルに似た樹上性の原猿です。

真猿類は漸新世３０００万年前頃に現れます。オナガザル、オマキザルの仲間です。そしてオランウータンが１４００万年前頃に分岐、ゴリラが１０００万年前頃、そしてチンパンジーとヒトが分岐したのは今から７００万年前頃です。ちなみにチンパンジーとヒトのＤＮＡは98・８％同じです。

人類最古の化石としてはサヘラントロプス・チャデンシスというのが中央アフリカのチャドから出土しています。約６００万〜７００万年前のものです。

類人猿と人類との違いは「直立二足歩行」です。ゴリラやチンパンジーは腕を伸ばして握った拳をつきながら歩く「ナックルウォーキング」という独特の歩き方をしています。

二足歩行をする事で、長距離移動が可能になり、立ち上がる事で視界が良くなり獲物や天敵を見つけ易くなります。

直立二足歩行が生まれたのは８００万〜９００万年前頃の事で地球が寒冷化していきました。寒冷化によって乾燥が進み、森林が減っていき草原で暮らすようになった事が一つの説として考えられています。

第19項　ヒトの登場

生物の種の分類は「界・門・綱・目・科・属・種」と、大きな分類から小さな分類に分かれています。

そして私たちヒトはこの分類では動物界・脊索動物門・哺乳綱・霊長目（サル目）・ヒト科・ホモ属・サピエンス種に属します。

人類最古の化石は「サヘラントロプス・チャデンシス」という700万年前のものが中央アフリカのチャドから発見された事は前項で述べています。

そして「ラミダス猿人」という440万年前の化石がエチオピアで発見され、更にもう少し進化した「アウストラロピテクス」は400万年前に棲息していたようです。

アウストラロピテクスの系統で「アファール猿人」の「ルーシー」が1974年にエチオピアで発見され約320万年前のものと見られています。「ルーシー」の脳の容量は400cc程度だったようです。そしてアウストラロピテクスの一群からホモ属が進化したようです。ホモ属が現れたのは今から200万～250万年前です。

今から180万～190万年前頃、東アフリカのトゥルカナ湖東岸のクービ・フォラにホモ属の4種が棲息していました。ホモ・パピルス、ホモ・ハドルフェンシス、ホモ・エルガステル、そしてパラントロプス・ボイセイです。

この中で現代人に繋がるのはホモ・エルガステルです。ホモ・パピルスとホモ・ハドルフェンシスは１００万年前に絶滅しています。

ホモ・エルガステルの一部は１５０万年ほど前にアフリカからアジアに渡りホモ・エレクトスに進化、それが後のジャワ原人や北京原人に繋がりますが、全て絶滅しています。

アフリカに残ったホモ属から40万～60万年前に進化したのが、ホモ・ハイデルベルゲンシスです。ドイツのハイデルベルグで40万年前の地層から発見されました。ホモ・ハイデルベルゲンシスの一部は60万年前にアフリカからヨーロッパに渡り、ネアンデルタール人に進化し、一時期ホモ・サピエンスとも共存していましたが、やがて絶滅しています。

ネアンデルタール人は脳の容量は大きかったものの、前頭葉があまり発達していなかったので知性では基本的にホモ・サピエンスに劣っていたようです。そして混血児もいたようですが、適応度が低くうまく育たなかったようです。やがてネアンデルタール人は絶滅しました。

そしてアフリカに残ったものがホモ・サピエンスに進化し現代の人類に繋がっていくのです。

第20項　出アフリカ

人類の共通祖先は約14万年前にアフリカで暮らしていたホモ・サピエンスという小さな集団でした。その小さな集団が約10万年前にアフリカを出て世界に分布を広げて数を増やしていったのです。

そしてヨーロッパからアジアに広がり、元々いたホモ・エレクトスの子孫のジャワ原人や北京原人との競争の結果、唯一生き残り、栄えたのが私たちのホモ・サピエンスです。

アジアに進出したのが7万～8万年前、オーストラリアには5万～6万年前、ヨーロッパに入ったのは約4万年前、アメリカ大陸には僅か2万～3万年前の事です。

日本人の起源については、1万～2万年前頃、中国南部からやってきた人たちが沖縄から北海道まで広がって縄文文化を作りました。

その後数千年前に、今度は中国北部から新たな祖先が朝鮮半島から北九州に渡来し、弥生文化を作り、九州から近畿、関東へと広がっていきます。

それまでいた縄文人は弥生人に押されて分断され、やがて北海道と沖縄に勢力を留めるだけになりました。

ところで、ホモ・サピエンス以外の人種ではホモ・ネアンデルターレンシスが約60万年前にホモ・ハイデルベルゲンシスから分岐し、ネアンデルタール人としてヨーロッパで暮らしていました。脳の大きさではホモ・サピエンスよりも大きく1500ccもありホモ・サピエンスと数万年に亘り同じような場所で暮らしていた事もあったようですが、2万年前には滅んでいます。

ちなみにホモ・サピエンス の脳の容量は約1350ccです。

また、インドネシアのフローレス島で発見されたホモ・フローレシエンシスは1万2000年前まで棲息していました。脳の大きさは380ccと小さくチンパンジー並みだったのですが、火や石器も使っていたようでかなりの知能があったようですが、絶滅しています。

その後、人類は現在の人口が約81億人もいて、今では地球の支配者のようになっています。しかし数万年前までネアンデルタール人やフローレス人とともにホモ属が3種もいたものが、現在はヒト科・ホモ属・サピエンス1種だけしか残っていません。

現生種がほんの僅かしか残っていない他の種のゾウやウマはやがて絶滅の危機に瀕していると言われています。

現代人類もまた、今、絶滅の道を歩んでいるのでしょうか。

第10章

宇宙の物語

第1項　地球は丸い

もし私たちが前もって何の知識もなければ、今住んでいる地球が丸くて、宇宙に浮かんでいる事を誰も信じないでしょう。

地球が丸い事を知った時に、まず一番に思うのは地球の反対側に住んでいる人はどうして落ちていかないのか不思議ですね。

BC2000年頃の古代文明では地球は四方八方に果てしなく広がり、空には星を散りばめた卵の殻のような天球が覆い被さって、回転していると考えました。

BC5世紀頃に、ギリシアのピタゴラス学派の中から地球が球体だと考える人たちが現れます。宇宙の形や運動は図形の円や球で表現できると考えました。そしてピタゴラス学派の一人、エクパントスは大地も球体であり、それ自身が自転している為に月、太陽、恒星が回転しているように見えると考えました。地球が球体で自転しているという考えは初めてのことです。

BC3世紀頃地理学者のエラトステネスは、ナイル川の上流シエネで、夏至の正午になると太陽が深い井戸の底まで届く事から太陽が真上にくる事を知ります。そしてシエネの真北に位置するアレキサンドリアで夏至の正午に太陽の高度を測定します。その結果、両地点の地球の中心に対する角度が地球全周の50分の1に相当することが分かりました。そしてシエネからアレキサンドリアまでの距離が、当時の単位で５０００スタジアであることから、地球の全周は50倍して２万５０００スタジアである事を計算したのです。現在のkmに換算すると３万９０００kmで、実際の全周が４万kmなので誤差はわずかです。

このようにＢＣ３世紀頃には地球が球体である事、そして自転している事、更に太陽が宇宙の中心で地球はその周りを公転しているという、地動説まで考える人たちがいたというのは驚異に値します。

ＡＤ２世紀に入り、トレミー（プトレマイオス）という優れた天文学者が現れます。そして彼はそれまでの地球中心的なギリシア天文学の成果を集大成した『アルマゲスト』を発表します。これは地球の周りを、太陽、月そして5惑星が回っているという動きを、周転円理論を使ってうまく説明できる、所謂天動説です。

これがキリスト教の教えにも則り、以後１４００年にも長きに亘って人々の宇宙観を地球中心の天動説が支配していたのです。

第2項　コペルニクス

今は誰でも地球が太陽の周りを1年かけて公転している事を知っています。その速度は秒速29・8㎞です。そして地球は地軸を中心に1日1回自転しています。

しかし昔の人は地球は絶対に動かないと信じていました。

AD2世紀に天文学者のトレミー（プトレマイオス）は地球中心の天動説を『アルマゲスト』にまとめました。

この考えはキリスト教の教えにも則り、長年にわたり支持されました。やがて14世紀頃からイタリアでルネサンスが始まり、キリスト教の権威を打破し、古典文化への復興の運動が起こります。

そのような背景の中で現れたコペルニクスはイタリアで天文学を研究するうちにトレミーの天動説に疑問を抱きます。惑星の動きは地球中心ではなく、太陽を中心に公転していると考えた方が、整合性があると考えました。

そして1543年に『天球の回転について』を刊行し、地動説の体系をまとめ上げました。しかしコペルニクスは同年に亡くなっています。彼の太陽中心の地動説の理論が人々に認められるまでには長い年月がかかりました。当時絶大な権力を持つキリスト教会にとっては、コペルニクスの唱える地球が宇宙の中心ではないという地動説の理論を簡単に認める事はありませんでした。

コペルニクスの地動説を熱狂的に信奉しヨーロッパ中を旅行しながら広めていったジョルダノ・ブルーノはキリスト教会から異端尋問を受け有罪を宣告され１６００年に焚刑に処されました。

世の中で極めて重要な発見というのは鋭い直感と洞察力を備えた、天才の思い込みによってもたらされる事があるのです。

やがて宇宙観は天動説から地動説に変わっていきます。この事から物事の見方が１８０度変わってしまう事を「コペルニクス的転回」というようになりました。

そしてキリスト教が地動説を認めるようになるのは４００年以上も経ってからのことです。

第3項　ガリレオ・ガリレイ

「それでも地球は動く」これはガリレオが１６３３年に宗教裁判で有罪となった時に呟いた言葉だとされています。ガリレオは１５６４年イタリアのフィレンツェで生まれ、１５９２年からパドヴァ大学で教授になり、天文学などを教えていました。そして旧来のギリシアの自然科学の考え方やトレミーの天動説に対しては疑問を抱くようになります。

アリストテレスの物体の運動に対する説明に疑問を持ったガリレオはある実験を行います。ピサの斜塔から二つの重さの違った物体の落下実験です。アリストテレスは重い物体の方が軽い物体よりも早く落下すると説明していました。そして実験の結果、物体は重さに関係なく同時に落下したのです。

１６０８年にオランダで望遠鏡が作られると翌１６０９年にはガリレオはそれを研究し、すぐに自分で製作します。凸型の対物レンズと凹型の接眼レンズの組み合わせで作ったもので、今でもガリレオ式望遠鏡と呼ばれています。そしてその望遠鏡を用いて天体の観測を始めた結果、多くの重大な発見が次々に生まれたのです。月を観測しスケッチを描きます。そこには多くのクレーターが描かれていました。月の表面はアリストテレスが考えた滑らかな球体ではなかったのです。クレーターとはガリレオが命名した「お椀」という意味です。

太陽を観測し、表面の黒点を見つけて黒点の動きから太陽が自転している事を確信します。更には天の川が無数の星の集まりである事も発見しています。木星を観測すると、四つの衛星を見つけてそれが木星の周りを公転しているのを確認します。この衛星は、後に「ガリレオ衛星」と呼ばれるようになりました。土星を観測し、土星の輪が時期によって姿を変える奇妙な付属物と見ていましたが、これは１６５６年ホイヘンスによってそれが土星の輪として正しく認識されました。

金星の観測では月と同じように完全な満ち欠けをすることを発見しました。これによって金星が太陽の向こう側を回る事を確信します。トレミーの天文学では金星はいつも太陽と地球の間にあって満月の状態の金星を見る事ができないはずでした。こうした望遠鏡によって大きな発見を基に、ガリレオは地球も他の惑星と同じように太陽を回るという地動説に確信を深めていきます。

１６１０年には『星界の報告』さらには１６３２年に『天文対話』を出版し、地動説を主張していきました。しかしキリスト教会から１６３３年、宗教裁判所に召喚され、有罪の判決を受け、自宅幽閉となったのです。

冒頭の「それでも地球は動く」と呟いたのはこの時です。時代が経ってキリスト教会がその時の非を認め謝罪し、地動説を公式に認めたのは約３６０年後の１９９２年になってからのことでした。

第4項　アイザック・ニュートン

ニュートンはイギリスのウールスソープという村で１６４２年12月25日のクリスマスの日に生まれたという事になっていますが、イギリスは当時旧暦を使っていて新暦では１６４３年１月４日になります。１６４２年はガリレオが亡くなった年でもあります。

23歳の頃、ケンブリッジ大学に通っていましたが、当時イギリスで大流行したペストの影響で大学が閉鎖され故郷のウールスソープに戻っていました。１６６６年頃のことです。その時に彼は偉大な発見を次々に成し遂げたのです。一つが「万有引力の発見」です。彼は庭でリンゴが木から落ちるのを見て閃いたと言われています。リンゴが木から落ちる事と月が地球の周りを回っている事が本質的に同じで、互いに重力が引き合っている事を見抜いたのです。「万有引力の法則」とはあらゆる物体が質量に応じた力で互いに引き合うという法則です。距離の2乗に反比例して弱くなる事で、逆2乗則ともいって、光の明るさでも成り立ちます。地上のあらゆる物体に働く力と、天体の間で働く力が全く同じものである事を発見したのです。

ニュートンは同じ頃に微分積分法を開発、更に太陽光をプリズムで分析し、白色光が無数の光の集まりである事も発見しています。

ニュートンの「万有引力の法則」はその後の天文学に多大な影響を与えていきますが、後にこれによって発見されたのが海王星です。天王星は１７８１年にウィリアム・ハーシェルの観測によって発見されました。天王星の発見によって太陽系の大きさは2倍に拡大しました。ところが天王星の軌道を計算するとズレが見つかります。そしてその原因として考えられるのは二つ。万有引力の法則が違っているのか、さもなければ未知の惑星が天王星の軌道のズレの原因なのか、どちらかです。

そして未知の惑星を探査した結果、１８４６年にパリ天文台のルパン・ルヴェリエが理論的に予測しドイツの天文学者ヨハン・ガレによって発見され、海王星と命名されました。この海王星の発見によってニュートン力学も更に信頼度を増す事になりました。

ハーシェルは１７３８年にドイツで生まれ、優れた音楽家としてイギリスに渡り、教会のオルガン奏者として活動していました。しかし天文学に興味を持ち、１７７４年から反射望遠鏡を自作し、観測を続けます。そして天王星を発見するのです。

天王星を発見すると英国王のために「ジョージの星」と名付けますが、その後１８５０年には「ウラノス」になります。そしてハーシェルは英国王のお抱え天文学者となり、更に大きな望遠鏡を作ります。次々に望遠鏡を作り、その数４００台にもなったそうです。最大のものは口径１２０㎝、長さが12ｍで鏡筒は１５０㎝もあったそうです。

そして全天を７００近くの小さな領域に分けて銀河系を観測し、宇宙地図を作りました。

第5項　宇宙大論争

天の川銀河を初めて望遠鏡で観測し、多数の星の集まりである事を確認したのは17世紀のガリレオです。その後、望遠鏡の開発が進み、1668年にはニュートンが反射式望遠鏡を発明します。18世紀になり、ウィリアム・ハーシェルは子供の頃から天体に興味を持ち、反射望遠鏡で天体を観測していました。

ハーシェルは恒星のシリウスを距離の基準として、星の本来の明るさは全て等しいと仮定し、宇宙の大きさを測りました。そして宇宙は現在の距離に換算すると直径約9000光年、厚さは1000光年だと見積もりました。実際の銀河系は直径10万光年、厚みは数千光年と大きくかけ離れていますが、ハーシェルはこれが宇宙の大きさだと考えていたようです。

20世紀に入り、宇宙の見方について天文学界では二つの議論に分かれていきます。片や、銀河系は宇宙で唯一の天体集団であるが、太陽は銀河系の中心ではないとする考え方。一方、太陽は銀河系の中心にはあるが、宇宙には銀河系に匹敵する島宇宙が数多く存在するという見方です。二つの考え方をリードするのがアメリカを代表する二人の天文学者、シャプレーとカーチスです。１９２０年4月に全米アカデミーの会合で「宇宙の大きさ」というタイトルで二人の議論が展開されました。

これが天文学史上有名な「宇宙大論争」です。シャプレーは、全ての天体は銀河系の中にあるという大銀河説を主張します。そして銀河系の直径を30万光年、太陽は中心から5万光年も離れたところにあると論じました。一方のカーチスは銀河系は太陽を中心とするレンズ状の恒星集団で、直径3万光年、厚みは凡そ５０００光年ほどだとします。そして銀河系の外には同じような規模の島宇宙が無数にあると論じたのです。二人の論争はある点では正しく、ある点では誤っていて結局引き分けだったと言えるでしょう。

この論争の焦点は星雲についての見解です。星雲とはぼんやりと見える雲のような天体です。星雲の中にアンドロメダ星雲があります。その後、エドウィン・ハッブルによって、アンドロメダ星雲までの距離が70万光年あると測定され、１９２４年に測定結果をアメリカ天文学会に報告したのです。現在ではアンドロメダ銀河までの距離は２３０万光年と確認されています。

そしてそれまでの星雲が全て銀河系の中にあるかどうかという論争は決着し、アンドロメダ星雲が銀河系の外にあって別の銀河であることが判明したのです。アンドロメダ星雲もアンドロメダ銀河と呼ばれるようになりました。

第6項　エドウィン・ハッブル

１９２０年代は天文学で宇宙に対する見方が大きく変わっていく時代です。ハーシェルが考えた宇宙は天の川銀河が宇宙の全てでした。端から端まで９０００光年、厚さは１０００光年と考えていました。

実際には天の川銀河の直径は10万光年、厚みは数千光年もあります。そして宇宙が天の川銀河よりもはるかに広がっていることがわかってきました。

このようなはるか離れた天体の距離を測る基準として用いられたのが、セファイド型変光星で、１９１２年にヘンリエッタ・スワン・レヴィットが発見しました。

ＵＳの女性天文学者レヴィットは小マゼラン星雲の中に明るさの変化する恒星を見つけ、その中から一定の周期で明るさの変わる恒星を探し出し、明るい星ほど、周期が長い事に気がついたのです。これによって周期がわかれば星の持つ本来の明るさ、絶対等級がわかります。

この周期関係と一致する地球近傍の星がケフェウス座のδ（デルタ）星である事からこの特徴を持つ恒星をセファイド型変光星と呼称されるようになったのです。このセファイド型変光星を探す事で絶対等級がわかり、絶対等級がわかれば恒星までの距離が測定できるようになります。

ＵＳの天文学者エドウィン・ハッブルは元々法律家を目指していましたが、天文学への興味を捨てきれず、毎晩ウィルソン山の２・５ｍの巨大望遠鏡でアンドロメダ星雲を観測していました。そしてアンドロメダ星雲の中にセファイド型変光星を発見し、距離を70万光年と測定し、天の川銀河の差し渡しよりもはるかに大きいことがわかったのです。

１９１７年にＵＳの天文学者スライファーは25個の渦巻星雲が平均速度毎秒５００㎞という猛烈なスピードで遠ざかっている事を発見しています。

この速度の変化はドップラー効果によってわかります。ドップラー効果は音でも光でも観測される波長が変化する現象です。音の場合は音源が近づく時には高音に、遠ざかる時には低音に聞こえます。光、電磁波の場合は光源が近づくと波長が短くなって青の波長に偏るので「青方偏移」、遠ざかる時には波長が伸ばされて赤の方にずれるので「赤方偏移」と言います。

１９２９年ハッブルはごく近傍の銀河は別として、他の銀河はどれも赤方偏移で遠ざかっているように見える事、更にどの銀河も互いに離れていく事を発見し、発表しました。これが「ハッブルの法則」です。

第7項　宇宙膨張とビッグバン

宇宙の大きさについては、天の川銀河の内に見えていた星雲が、はるかかなたにある事が分かり、宇宙は天の川銀河を超えてはるかに大きいことが分かりました。更に「ハッブルの法則」によって銀河は遠い銀河ほど速い速度で遠ざかっていて、互いの銀河は猛スピードで離れていき、宇宙が膨張している事も分かってきたのです。

銀河が互いに離れていっているという事は、過去に遡ると銀河は互いに近づき、そしてある時期には全ての銀河が一点に集中します。ハッブルのデータによると100万光年離れた銀河の速度は光速の2000分の1だったので、それから計算すると宇宙の誕生が20億年前という事になります。

当時の地球の年代は、それよりも長く見積もられていましたので、宇宙が地球よりも若くなるという奇妙な結果となってしまいました。その後、ハッブルのデータに、渦巻星雲までの距離に大きな誤差が見つかり、宇宙の年齢も見直されるようになります。

宇宙が膨張していても地球や太陽系が大きくなる事はありません。これらの構造は電磁力や重力によって固く結び付けられているからです。

銀河は距離に比例して遠ざかっていますが、これは天の川銀河を中心に宇宙が膨張しているわけではありません。アインシュタインが宇宙モデルで提唱したように「宇宙原理」といって宇宙には特別な場所などどこにもなくてどこも均一なのです。

１９３０年代にベルギーの天文学者で、カトリック教会の神父でもあったジョルジュ・ルメートルは宇宙の始まりについてのモデルを考察しています。宇宙は過去に遡ると一点に収縮し全ての銀河が集まり、極めて小さな一個の点になる。そして極端に温度、密度の高い一点から宇宙の膨張が始まったという説です。

更に１９４０年代にはロシアの科学者、ジョージ・ガモフが唱える、全ての物質がバラバラの素粒子の熱平衡状態が宇宙の始まりとするビッグバン理論です。

このビッグバン理論に対しては１９４０年代に定常宇宙論を展開する理論も提唱されます。フレッド・ホイルは宇宙が膨張しても新しい物質が生まれてきて宇宙全体の平均密度は変わらないという説です。その決着がついたのは１９６４年に宇宙背景放射が見つかった事です。

ビッグバン理論によると、宇宙誕生直後の光が、宇宙膨張によって徐々に温度が下がり、全天から低温になった電磁波が観測できると予想していました。予想では絶対温度５Ｋだったのですが、実際には２・７Ｋという電磁波が、ＵＳのベル研究所で観測されました。

宇宙はビッグバンで始まってその後膨張を続けているという、ビッグバン説が現在の宇宙の見方になっています。

第8章　天の川銀河

私たちのいる天の川銀河には、太陽のような恒星の数は、１０００億とも２０００億とも言われています。

そして宇宙には同じような銀河が数千億以上もあります。

宇宙の大きさについては私たちにはなかなか想像できませんが、天の川銀河の大きさも相当なものです。

天の川銀河は渦巻銀河で直径10万光年、厚みは数千光年もあります。太陽は銀河系中心から約2万５０００光年のところを、約２・５億年かけて周回しています。

いて座の方向に太陽質量の３００万倍という巨大なブラックホールがあり、ここが天の川銀河の中心だと考えられています。

太陽から４・２光年離れた隣の星、プロキシマ・ケンタウリ（ケンタウルス座α星）までボイジャー1号が向かったとして、到達するのに数万年かかると言われますが、天の川銀河を横切るには現在の宇宙の年齢でもとても足りないでしょう。

天の川銀河から２３０万光年離れたところに、アンドロメダ銀河があって同じく渦巻銀河ですが、大きさは天の川銀河よりも大きくて差し渡し22万光年、恒星の数も1兆個もあると言われます。

天の川銀河の近くには大、小マゼラン雲や、いて座矮小銀河、りゅうこつ座矮小銀河、かみのけ座矮小銀河など、様々な銀河が50個ほどあって全て重力的に結びついています。これらをまとめて局所銀河群と呼んでいます。

領域の大きさは差し渡し３００万光年にも及びます。局所銀河群の共通重心は天の川銀河とアンドロメダ銀河の間にあり、全体が共通重心を中心に回っています。

アンドロメダ銀河が局所銀河群の中で最大で、次に大きいのが天の川銀河です。３番目に大きいのはM33、さんかく座銀河です。

銀河の数が50程度の集団を銀河群と呼び、大きさは５００万～１０００万光年でそれよりも大きい集団は銀河団、更に大きいのは超銀河団と呼んでいます。

第9項　ラニアケア超銀河団

私たちが住む地球は太陽系の惑星8個の内、3番目の惑星です。

そして太陽は天の川銀河の中の、数千億の恒星の一つです。

天の川銀河は局所銀河群、50個ほどの銀河の一つです。

局所銀河群の近くにはおとめ座銀河団があり、近くと言っても5400万光年ほど離れています。

おとめ座銀河団には2500個ほどの銀河があって、大きさは1200万光年ほどの広がりがあります。

そして私たちがいる局所銀河群は、更に大きな構成要素として、おとめ座超銀河団に属しています。おとめ座銀河団もおとめ座超銀河団の一つです。

おとめ座超銀河団は銀河団や銀河群を100個以上も抱え、大きさは1億光年ほどもあります。その中で最大の構成要素はおとめ座銀河団です。

更に大きなスケールで見ていくと、地球から1・5億光年ほど離れたところにグレートアトラクターという巨大な重力源があって、周りの銀河が引き寄せられています。そのグレートアトラクターを中心に、おとめ座超銀河団やいくつかの超銀河団をまとめて、ラニアケア超銀河団と呼ぶ事が検討されています。

そうなると、私たちの天の川銀河はラニアケア超銀河団に属し、おとめ座超銀河団の中の更に、局所銀河群の中で、２番目に大きな銀河という事になります。

これより大きな重力的な繋がりを持った構成要素は今のところ発見されていません。しかし1億光年以上の宇宙の階層構造としては、網の目状に観測される銀河の繋がりがあります。

そこには1億光年もの広がりで、銀河が観測されないところがあります。この空間を「ボイド」といって宇宙の泡構造と呼んでいます。そしてボイドを包むように銀河が糸状もしくは板状になって分布しています。

このように銀河は網の目のように分布していて、ボイドを囲むような構造になっています。

これが宇宙の大規模構造です。

第10項　宇宙は無限なのか

現在の宇宙論では宇宙は膨張しています。しかも膨張の速度は加速しているようです。

しかし宇宙が膨張しても私たちの太陽系や天の川銀河が膨張しているわけではありません。銀河群や銀河団のように重力的に繋がっている集団は膨張によって引き伸ばされることはないのでおとめ座超銀河団もそのままです。

恒星には寿命があります。いつかは燃え尽きて白色矮星や中性子星、ブラックホールしか残りません。星間ガスも枯渇して新しい恒星も生まれてこなくなります。

陽子や中性子も寿命があるのでいつかは崩壊します。但し、それまでにはとんでもない時間がかかりますが、それまで果たして宇宙は無限に拡大を続けているのでしょうか。

私は無限については0《ゼロ》と同じく概念であって、いわば物語の世界の話で現実にはあり得ない事だと考えます。

更に私は最大と最小が同じものだと考えるのです。何故なら宇宙の果てというのは一番遠くて、その果てがぐるりと1周したものがこの世で最大のものだと考えます。

ところがその果てのどこを取ってても宇宙の始まりであってとても小さな特異点になります。するとこの世で最大だと思っていたものが実は最小のものと同じものだという事になります。

この世で終点だと思っていたものが実は始点だったというわけです。

この世の中は三次元の世界で、時間を加えて四次元です。

しかし三次元の立方体は二次元の面の集合体で二次元は、一次元の線の集合体です。そして一次元は0《ゼロ》次元、即ち点の集合体ですが、点とは大きさが何もないのです。ですからこの世は何もないものからできています。

要するに最大は最小に繋がり、終わりが始まりと同じであり、何もないところが実は溢れるほどのエネルギーが詰まっていたりするのです。

何を言っているのかというと宇宙は無限でも0《ゼロ》でもなく一つで完結しているのではないかという事です。

宇宙が膨張しているのを見つけたのはエドウィン・ハッブルと言われていますが、彼自身も宇宙が膨張しているとは思わなかったようです。

彼は遠くの天体に赤方偏移が見られるのは時間の遅れによるものではないかと考えていたようです。遠くに離れるほど時間が遅れ、その為に天体が速い速度で遠ざかるように見えるのだと。

宇宙の果ては天体が光速で遠ざかるように見えますが、光速に近づくと時間も0《ゼロ》に近づいていきます。

例えばロケットがブラックホールに落ちていく時に、重力効果で時間が止まっているように見えますが、ロケットの中では時間は普通に進んでいます。

結局、遠くになれば、重力効果で時間が遅れ、その為に天体の速度が速くなり、赤方偏移が観測されるのではないでしょうか。

そうするとそのように見えるだけで実際には速度は何も変わらず、宇宙も膨張していないのではないかと考えます。

もしそうだとすると宇宙は膨張などしていなくて、遠くの宇宙に時間の遅れを観測しているだけという事になってきます。

私は、宇宙には無限もゼロもなくて、始まりも終わりもない一つの宇宙がいつまでも続いているように考えます。

最終章　最後の物語

物語ではよくハッピーエンドで楽しい結末を迎え、それを見て私たちは幸せな気分になる事がよくあります。

しかし『ネバーエンディング・ストーリー』という物語のように世の中には決して終わる事なく、更に新しい物語が始まるというのはとてもミステリーでもあり、ロマンですね。

私たちが宇宙を見るのは全て過去の姿です。

もし１０００光年離れた天体から地球を見ると１０００年前の地球の歴史が見えるのです。

日本では１０００年前だと平安時代でしょうか。

宇宙から見ると遠くに離れるほど、地球の歴史、太陽系、銀河系の歴史を見る事ができます。

逆に同じように私たちは今宇宙の歴史を俯瞰しています。

宇宙は一体何のために存在しているのでしょうか。宇宙の存在意義というのはあるのでしょうか。宇宙は私たちがいる前から、そしていなくなった後もずっと存在しているでしょう。私たちがいなくなれば誰が宇宙の存在を認めるのでしょうか。宇宙の存在価値とは私たちに宇宙の姿を晒してくれている事くらいでしょうか。

宇宙は、宇宙に気が付くものがいてもいなくても何も変わりません。そこには動機も目的も何もなくただ宇宙である事だけで満足しているようです。それに比べて私たちの存在価値などちっぽけなものです。私たちも宇宙のように斯くありたいものです。

「過去は過ぎ去ったものであるから存在せず、
未来は未だ来ていないものであるから存在せず、
だとすれば存在するものは過ぎ去ることをしない
永遠の現在である」

インドの大乗仏教の祖といわれるナーガルジュナの言葉です。

私たちにとって大事な事は現在こそが唯一無二の存在であるという事です。

今から未来を変える事はできるでしょう。

すると未来が変わり過去も変わってきます。

今を最大限実感し、知らない事を知る為の努力が大切です。これは全ての人にとって、宇宙におけるあらゆるものにとって普遍です。

宇宙がある限り、今という瞬間がこれからも未来永劫続いていくでしょう。『ネバーエンディング・ストーリー』のように。

京極　一路（きょうごく　いちろ）

1947年兵庫県三田市に生まれ、３歳で京都へ。京都市立植柳小学校、尚徳中学校、堀川高校を経て京都大学農学部へ入学。京大では軽音楽部ダークブルーワゴンズに所属、ドラムを担当しカントリーウェスタンなどを演奏。1971年伊藤忠商事に入社、営業を担当。1998年退職し研究機関三田塾を起ち上げる。放送大学で宇宙科学を専攻し、2013年エキスパートの認証を取得。横浜市南区で街の先生として宇宙の教室を開講。現在は東京で宇宙研究家として活動。

百一物語

2025年１月23日　初版第１刷発行

著　者　京極一路
発行者　中田典昭
発行所　東京図書出版
発行発売　株式会社 リフレ出版
〒112-0001　東京都文京区白山 5-4-1-2F
電話（03）6772-7906　FAX 0120-41-8080
印　刷　株式会社 ブレイン

ISBN978-4-86641-812-4 C0095
Printed in Japan 2025